U0079292

常見植物
病蟲害
防治全圖解

contents

Part 1
提升植物存活率！
在防治病蟲害之前，這些基礎觀念要先懂

Part 2
自己植物自己救
〔觀葉植物〕病蟲害防治對策

Part 3
提升植物抗病力！〔草花植物〕病蟲害防治對策

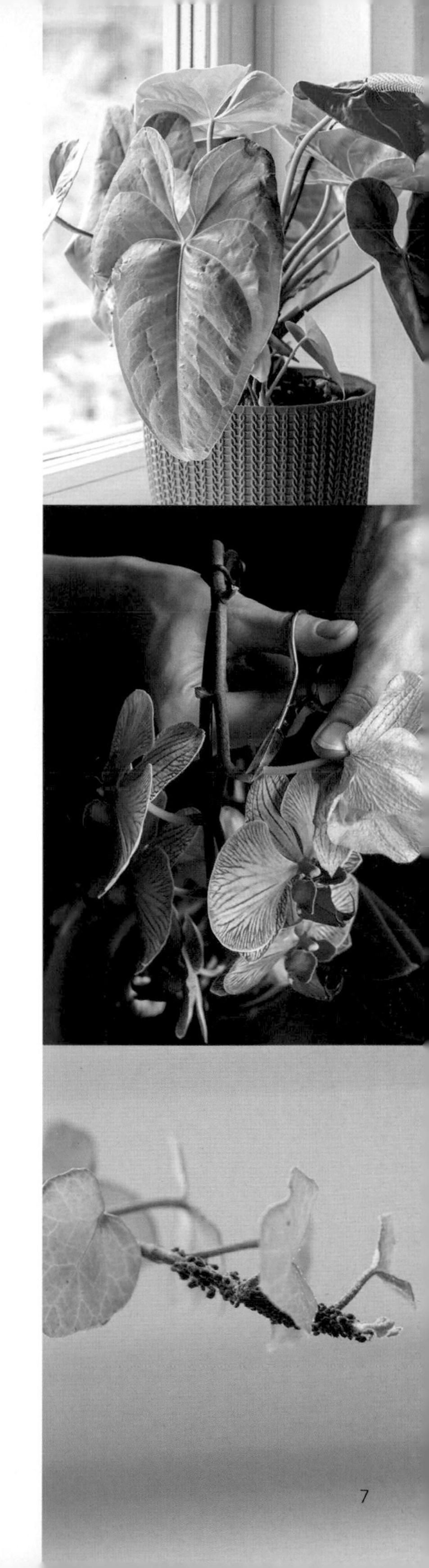

Part 4
植物診療室在我家
〔庭園花木〕病蟲害防治對策

PART.1

提升植物存活率！

在防治病蟲害之前 這些基礎觀念要先懂

決定植物健康與否「三大關鍵」

植物健康與否，決定於是否做好植株篩選、病原根除及環境管理。

相信大家都應該認同，栽種植物除了能緩解我們焦慮的心情外，還能帶來一份安定的力量，讓幸福感受瞬間滿載。所以很多人就算沒有很大的空間，也會想要在陽台、在窗邊，甚至在電腦旁種上一盆。不過，對於觀葉植物、對於草花、庭園花木等等的種植相關知識，或許還略有所知，但在病蟲害防治的基本知識上，其實還是有許多人並不知曉。

就像許多人並不瞭解，之所以發生病害蟲，並不是單純只是因為有病原菌或害蟲的存在而已，而是還要加上植物本身的狀態，以及生長環境的種種因素，三方配合下才可能發生。也就是說，要防治病蟲害，除了要消滅疾病跟害蟲外，更重要的是要把植物的狀態照顧到最好，像是在選擇植物時，以具有抗病的為佳，還要同時打造出那些病蟲不喜歡的環境，比如說陽光充足、空氣流通、排水性好等等。

所以，當大家都能充分理解，「病蟲害」、「植物」、「環境」三者之間有密不可分的關係時，就不會一味的只想使用農藥來做防治，也不會純粹只針對個別病例去想對策，而是學會深入了解為何會出現這個症狀。舉例來說，煤煙病是因為有會分泌蜜露的小型昆蟲所引起的，只要有這類蟲害的存在，煤煙病就有發生的可能，所以要預防煤煙病，就必須先從去除那些小型昆蟲著手！也唯有深入去探討該症狀、為何引起的原因，才能用對對策，達到有效的防範，而不是完全仰賴農藥去做病蟲害的管理。

這本書會從病蟲害的基本知識，到家庭園藝中最容易發生的疾病蟲害，以及各種植物的受害特徵與防治對策，透過最真實的實境照片去進行圖解說明，除了能對病蟲害防治的方法更加瞭解之外，更希望人人都能成為綠手指，享受綠意盎然的每一天。

【特別說明】

一般市售的化學藥劑雖然被廣泛運用在防治植物病蟲害上，但因其具有相當的毒性，所以是否能被人體給順利代謝，或是對於環境中會不會造成殘留問題，甚至會不會對生態環境有所破壞等等，仍存有疑慮。尤其現在很多的觀葉植物都是栽種在室內，而家中若有小孩或寵物，如果使用化學藥劑來進行防治，恐怕會對人體或毛孩產生不良影響。因此本書的防治方式，皆以非化學藥劑的模式來進行。

揭開病蟲害面貌必學預防方法

病害、害蟲哪裡來？

雖然我們經常會說「病蟲害」，但是植物的「病害」與「害蟲」在防治處理的方法上其實差異很大。這是因為所謂的「病害」是由真菌、細菌以及病毒所引起的傳染病，而有些害蟲的問題在於，他們本身或許不會對植物造成威脅，但卻成為疾病的主要媒介。所以如果想要消除疾病，就必須先把害蟲驅除，這樣才能達到根治效果。而防治病蟲害的基本對策，除了要對症下藥外，主要還是要打造出疾病與害蟲都不愛的環境，如此才能讓植物生長得又好又美。

日照不充足、通風不佳、排水差，病蟲害自然滋生

台灣潮濕又溫暖的環境，基本上就是病蟲害的溫床，尤其在梅雨季節，隨時處在潮濕的環境，更是發病機率最高的時期，如果再加上排水不佳，就更容易萬病齊發，一發不可收拾。

這是因為大部分種植植物所使用的介質都需要排水性好的，所以，避免水分囤積也是最基本的照護，選擇排水性強的泥炭土或腐葉土，種植前先把土壤翻鬆，讓土壤更適合用來種植是基礎動作。

除了介質，保持良好的通風，絕對要避免密植也很重要，如果能保持良好的通風，再加上降低濕度，就能抑制病原菌的活動，避免其滋生，所以要定期進行疏苗、整枝、修剪，如此一來除了有助通風，更能讓日照更加充足，讓光合作用能在每一片葉片上進行，提高對疾病的抵抗力，讓種植的每一棵植物都能更有活力並且更加健康。

挑選健全的植株來種植

在一開始就挑選健全的植株，是非常重要的原則。因為植物或苗株日後的生長，很多時候是取決於幼苗時的狀態，在購買時就要選擇沒有病蟲害、節間紮實強健的苗株，並且要避開軟弱或是徒長的苗株。其次有些植物本身的抗病性較弱不適合新手種植，所以購買時可以多多詢問店家，以免誤踩雷區。

經常觀察植株，一旦染病就要儘速清除

植物如果感染病蟲害，會經歷從輕症慢慢發展到重症的歷程，所以一旦發現植株染病，即便是輕微的症狀，也要儘快將其剪除後迅速燒掉，不要久留，這是預防疾病擴散最基本的方法。因為染病的植物痊癒很難，所以為了避免病情蔓延，迅速清除已經染病的植株是不二法門。

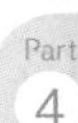

瞭解導致植物生病的四大病原，必學基本知識

摒除環境因子外，常見的生物性傳染病原概分為四種類：真菌（黴菌）、細菌和菌植體、病毒、線蟲。當染病時，很重要的是避免病情持續擴大，所以必須先剪除已發病的植株，再進行治療，同時平時要確實做到不積水、避免莖葉過度茂密且通風要好，以及充足的日照，就能做好杜絕四大病原的基本功。

真菌（黴病）感染所引起的代表性疾病

〔炭疽病／疫病／銹病／白粉病／枝枯病／菌核病／煤煙病／／露菌病／褐斑病／灰黴病／褐腐病／基腐病／縮葉病／白絹病／瘡痂病／痘瘡病／苗立枯病／蔓割病／簇葉病（天狗巢病）／胴枯病／根瘤病落葉病／萎凋病〕

在植物的各種疾病中，由真菌所引起的種類占最多數。絕大多數的疾病都好發

在高溫潮濕的時期。因為孢子會隨著風以及昆蟲的移動而擴散，也會跟著雨水和澆水時濺起的泥漿傳播，一旦發病時，植物的表面會附著真菌和孢子。建議平時便養成防治的習慣，如果發病了，就立刻噴灑殺菌劑，或者直接摘除、燒毀防止病情擴大。

細菌和菌植體感染所引起的代表性疾病

〔軟腐病／青枯病／黑腐病／潰瘍病／瘤病・癌腫病／細菌性斑點病／根頭癌腫病〕

細菌會從植物的傷口或氣孔等開口處入侵，造成植物軟化、腐敗，在葉子等處製造病斑。好發於連續栽作或排水性欠佳的土壤。幾乎沒有藥劑能夠發揮效果，因此請謹記：

「預防勝於治療」。出現病斑的葉子通通都要摘除。

病毒感染所引起的疾病

〔病毒病／嵌紋病〕

葉片或花瓣的顏色會變得呈馬賽克狀，葉片和莖會變黃、萎縮，還有葉子、花和果實會產生畸形。病毒性疾病的起因是植物在被寄生的蚜蟲或薊馬吸取汁液時受到感染。另外，接觸過染病植物的手或剪刀，若是再去接觸正常健康的植物，也會造成感染。病毒會在細胞內繁殖，為了避免殃及其他植株，唯一的方法就是銷毀染病的植株。

線蟲

線蟲引起的問題，多為生物性病害。

由真菌感染所引起的炭疽病

基本上它跟早疫病非常像，主要差別在同心圓病斑上面的輪紋，早疫病外圍有一圈黃黃淡淡；炭疽病就只是一個輪紋，外面不會有淡黃色色圈。此外，中間輪紋的部位早疫病隨著輪紋越來越大，會變成淺褐色；炭疽病呈現出深褐色，這是主要差別。

炭疽病很容易造成果實和葉片上面的危害。大部分對於葉片的傷害性比較小。但是如果發生在果實蔓延開來，基本上就是零收成，所以對於果實類的病害算是蠻嚴重的。

好發的時間

在梅雨季高溫多濕的環境之下就容易發生此病，早疫病也是如此。

容易感染的植物

龜背芋、白鶴芋、粗勒草、鵝掌藤、黃金葛、多肉植物、常春藤、橡膠樹、火鶴花、變葉木、黛粉葉、景天屬、蟹爪蘭、仙人掌、網紋草、毬蘭

防治法

如果看到葉片上面有炭疽病的病斑出現，就要儘快拔除，或者是說看到一點一點的病斑時就要針對重點部位開始噴藥來進行防治。因為在高溫多濕的情況下傳播速度會更快，所以下雨天病害發生的嚴重程度會提高很多。若能有一個遮雨設施或直接移入室內會比較好。另外，使用有機無毒的資材，例如肉桂油、波爾多液、石灰硫磺合劑都可以做為防治使用。

〔關於波爾多液〕

波爾多液在寒冷、潮濕的環境下，沒有辦法蒸散，退去的時間會比較慢，另外因為它有加硫酸銅，所以在葉片上比較容易引起藥害。所以除非一些有機的製劑沒有辦法防治，再考慮使用。（特別說明：高溫下所有藥劑都要避免噴）

由真菌所引起的白粉病

這是常見的真菌性病害，可以在葉片、葉柄還有一些比較嫩的藤蔓上面看到他的蹤跡。一開始是一塊圓形的白灰色病斑，像粉筆灰撒在上面，之後會在葉片上出現好多的病斑，當病斑聚集在一起變成一整片覆蓋整個葉片影響到光合作用，葉片就容易枯死。

白色粉末是他的菌絲跟孢子。隨著風飄散感染其他的部位或其他的植株。

發病的季節

基本上在春天跟秋天氣候比較乾燥且光線沒有那麼充足以及不通風的環境下危害會比較嚴重，所以在春秋兩季要開始進行防治，不然一旦擴散，就難以根治。而容易發病的部位主要是葉片為主，葉柄還有一些比較嫩的藤蔓。

容易感染的植物

玫瑰、艾草、梔子花、長壽花、繡球花、百日草都有機會發生。

防治法

白粉病很常見，也算比較好防治的病害，他喜歡乾燥的環境，所以可以用灑水達到防治的效果。基本上保持好濕度，好發率就不會那麼高。另外，除了這個用水作為防治的方式，還可以在剛種下去的植物噴市售的波爾多液，也就是亞磷酸跟氫氧化鉀混合液來做防治，每隔 7 天一次連續 2-3 次，可以誘導植物啟動防禦機制來對抗這些病害。

波爾多液對真菌與細菌病害有極佳的防治功效，像是露菌病、疫病、銹病、潰瘍病、黑斑病及細菌性斑點病等等。

另外還可以用一些礦物油把他的孢子覆蓋住，使其失去活性。

由真菌所引起的灰黴病

這個病害主要是真菌所引起，大部分都危害幼嫩的葉片、果實還有蒂頭的部位。在危害這些部位以後會造成軟腐、發黴長出一層灰色的黴菌。

比較低溫或多雨的季節，非常容易傳播與發生。所以冬天到春天這一段期間就容易好發。

危害的部位

大部分危害幼嫩的葉片，果實還有蒂頭的部位以及比較幼嫩的枝條，如果是蔬果類最主要的危害還是直接在果實上面發病。

容易感染的植物

菊花、蝴蝶蘭、百合等等

防治法

當時序到了秋天入冬天，一直到夏天之前都要進行防治。一旦溫度變高了，傳播能力就下降。所以如果要進行防治，像是液化澱粉芽孢桿菌這一類的微生物噴在比較容易罹病的部位。

液化澱粉芽孢桿菌的市售產品，它會有一個孢子化的狀態，碰到水後才會激起它的活性形成一個保護膜，達到預防效果。液化澱粉芽孢桿菌可以用活力磷寶來取代。另外要隨時隨地注意有看到罹病的葉子就把它摘掉，丟放到塑膠袋後銷毀。另外還有像是波爾多液、木黴菌、碳酸氫鉀、碳酸氫鈉（小蘇打）都可以用來防治灰黴病。

此外，不要栽種太密集，要保持通風，適當的提供水分就好，不要澆太濕，如果排水不好，一定要加強排水。合理的施肥，不要用太多的氮肥，這樣可以促進植物長得更健康，降低發病機率。

由真菌所引起的枝枯病

枝枯病常常因為氣候導致植株的枝條褐化還有落葉，而讓整體很虛弱。

梅雨季節會比較容易發生枝枯病的病害，因為氣候突然轉變，有可能會更嚴重，尤其是當枝條如果太密集、通風不良、日照不足就更容易發生。病原會直接侵害幼嫩組織。

基本上大概從冬天就要開始加強修剪，一直到春天梅雨季前都要持續進行。

危害的部位

主要就是枝條與葉片。會看到植株上面有一部分的枝條枯掉，有一部分是好的，此時，就要儘量去除病枝，讓植株不要因過於密集而相互傳染。

容易感染的植物

玫瑰、松、茶花等等

防治法

可噴市售的波爾多液來做防治，每隔7天一次連續2-3次，可以誘導植物啟動它的防禦機制來對抗這些病害。

另外還可以使用礦物油類把孢子覆蓋住，使其失去活性。

波爾多液對真菌與細菌病害有極佳的防治功效，像是露菌病、疫病、銹病、潰瘍病、黑斑病及細菌性斑點病等等能起到改善的作用。

由真菌所引起的菌核病

菌核病主要就是莖基部比較容易受到感染。感染後組織就會出現水浸狀，開始腐爛，產生白色的菌絲，最後它會形成黑色，像是米粒大小的菌核。尤其是在莖部地方，裡面產生的菌核會非常多，且傳染性高，一下雨就會隨著水到處氾濫，讓其他植株也受到感染。

發病的季節

這個菌比較喜歡冷涼，所以在入冬以後到春天這段期間，容易發生。尤其是下雨的時候，就會發生得更快更嚴重。

防治法

進行防治的時間應該是冬季就要開始來進行預防。另外他所感染的部位以莖部為主，感染的作物種類也是很多種，像是茄子、辣椒、番茄、甘藍、小白菜、小黃瓜這些都會，以及園藝植物的菊花、向日葵等。

要怎麼進行預防？主要是因為這個菌會在土壤裡面，等到天氣比較冷的時候而發作，所以土壤要進行消毒，在種植之前土壤裡面就要進行消毒，或者用水浸泡，大概 1-2 天，甚至一個禮拜，泡久一點會比較好，等到裡面的菌全部淹死後，再拿出來曝曬太陽；直接曝曬太陽以及把介質炒過等方式，徹底做到土壤消毒。

除此之外，可以用微生物的防治，只要是土壤傳播的病害，主要是細菌或真菌類，都可以使用木霉菌來進行防治。把木霉菌拌在土壤裡面，之後再進行栽種效果會效果會非常好

給水時儘量用滴灌的方式，不要用灑水的方式來進行，這樣是最好的，基本上大部分的病害都會隨著水的流動去感染到其他部位。而一旦發現植物被感染了一定要快速清除掉，並且要把植物殘體丟掉。木黴菌可以在農業資材行或者網路上都十分容易購得。

由真菌所引起的萎凋病

萎凋病跟青枯病有一點像。主要區別就是，青枯病把它的莖剪下來後，泡到水裡面稍微壓一下，會從切口跑出很多乳白色像煙霧狀的病原菌。而萎凋病的泡水切口不會出現煙霧狀，可以用這樣的方式進行分辨。

萎凋病的病害癥狀，主要就是下位葉的部分比較容易萎凋、枯黃，上位葉依然保持良好的狀態。另外，發病的時間也會比較晚，通常都是種到了中後期才開始發生。常見的病癥就是葉脈會比較透明。另外還有一個特點，就是只會出現在一側，常常會看到這個植株，怎麼只有一半有這樣的情況，另一半沒有。這時如果直接把根系挖起，會發現根部已經壞死、變褐色，且根系會比較小。另外，就是如果是蔬果類的植物，常常會在結果期才發病，所以防治上就會顯得措手不及。

好發季節

基本上一年四季都會有，但 5-10 月高溫的季節更容易發生，所以一定要嚴防並且多注意。

感染的部位基本上全株都會感染，主要癥狀出現在葉片，根部會比較明顯，莖部的維管束裡面也會受到影響。

容易感染的植物

因為是藉由土壤傳播病害，所以比較難控制，容易感染的種類非常多，像是百合、菊科、松樹，蔬果類的番茄、鳳梨，以及瓜類、豆科等等。

防治法

首先，選擇比較抗病的健康種苗，其次，看到染病的病株要立刻拔掉，以免感染到其他的植株。另外，土壤不要過酸，儘量維持在 pH 值 7 左右，這樣子比較不容易傳染。用藥上基本上很難控制，以菌治菌的方式會比較好。在微生物製劑上，可以使用液化澱粉芽孢桿菌、農眾賀來進行防治效果很不錯。

由真菌所引起的煤煙病

煤煙病主要會跟蟲害一起發生，尤其是蟲害多的時候，基本上在植株上應該都可以看到煤煙病的蹤跡。它的癥狀就是在葉片上面或枝條上面覆蓋了一層類似煤煙的黑色黴狀物，也就是黴菌，跟蚜蟲、介殼蟲、木蝨等只要是會分泌蜜露的昆蟲，就很容易一起出現。

容易發生的時間

一年四季都會發生。

危害的部位

主要在葉片、枝條，樹幹、果實都有可能被感染，當然還是以葉片最多。葉片如果覆蓋了一層黑色的黴，可能就會阻礙他進行光合作用，導致養分會不夠。

容易感染的植物

危害的種類很多，只要能夠被上述提到的那些害蟲所危害，都會造成病害發生。比如羅漢松、台灣欒樹，觀葉植物以及果樹類像是柑橘、芭樂、番茄、草莓等等。

防治法

一年四季都要進行防治。因為跟蟲類的關係很密切，所以要防止這個病害之前，一定要先除蟲。基本上就是使用油類，比如窄域油、葵無露、礦物油、精油類、碳酸氫鈉（就是我們所謂的小蘇打）都可以用來防止煤煙病，都有不錯的效果。

另外也可以用三元硫酸銅，大概稀釋 800 倍以後來殺菌。使用油類，就依包裝上的說明就可以。或者可以選擇小蘇打用水稀釋大概 300 倍直接噴在比較嚴重的部位，一個禮拜噴一次，連續 3-4 次，就能看到效果。

由真菌所引起的褐斑病

在葉片上面會有比較明顯的癥狀，也是主要罹病的部位，會看到好多像是被油漆隨機噴灑到的樣子，出現一點一點的分布，可以看到這個點中間是灰灰的，周圍有黃暈，之後會慢慢的擴大，再變成不太規則的班點，然後黃暈會更明顯。接下來可能中間會開始破洞。或者全部的病斑都連在一起，之後葉片就枯萎、枯掉，這是比較典型的癥狀。

罹病的葉片會提早黃化，接著枯萎。除了在葉片上面，其實在莖幹、果實上也都可以看得到。

好發的時間

喜歡高溫多濕，所以從梅雨季一直到秋天颱風來時，這段期間要做好預防措施，基本上病害最好都在雨季之前就做好防範。

危害的部位

葉片、葉柄、莖部還有果實。尤其是葉片很明顯，當葉片傳播開來，就會影響植株整體。

容易感染的植物

蘭花、福祿桐、毬蘭、腎蕨、鳳尾蕨、網紋草、黛粉葉、黃金葛、常春藤、竹芋、鵝掌藤以及蔬果類的小黃瓜、木瓜、番茄、甜椒、百香果都很常見。

另外就是，它比較專一，比如蘭花感染了這個病毒，並不會去影響到黃金葛之類的其他植株。

防治法

防治上面可以用波爾多液，（製作方法請見 p30）或者是蕈狀芽孢桿菌。最重要就是萬一罹病，一定要把殘渣落葉，或者是罹病太嚴重的葉片把它修剪移除掉。還有所使用的器具，一定要做好消毒，避免雨水飛濺，保持通風以及避免容器積水。

由真菌所引起的銹病

顧名思義，就像生銹一樣，在葉片上面會呈現橙色、橘色、紅色橢圓形的小斑點，之後會破裂，長出一些粉，像生銹的鐵屑，那是他的孢子，會隨著水還有風來進行傳播。

銹病屬於真菌，大部分的植株都會感染，但是他也有專一性，比如玉米就有玉米銹病、大豆就有大豆銹病等等，其寄主非常廣泛，而且一定要有寄主才能存活下去，所以如果把周遭清理乾淨，銹病就比較不會發生。

危害的部位

容易發病的部位主要就是葉片，花跟果實也會有，但是很少，主要還是以葉片為主。

好發的時間

主要就是在秋天到春天，也就是大概 11-12，以及 3-4 月這個期間會比較嚴重。夏天的話比較不會，因為太熱，孢子很快就會死掉。

容易感染的植物

雞蛋花、美人蕉、酢漿草、菊花、秋海棠、松柏等較常見。

防治法

要進行防治的主要時間點，大概就是秋天還沒進入到冬天的這段期間以及春天進行比較積極的防治。還有，如果有看到枯枝落葉，一定要清理乾淨。看到比較嚴重病斑的葉片或植株，也一定要剪除，保持良好的通風也很重要。

跟白粉病的防治方法也很像，比如使用礦物油、窄域油這一類的油類把他的孢子覆蓋住，讓它失去活性以達到防治效果。

所有的病害，一定要在開始發生時，甚至是發生前就要進行預防。因為當肉眼可以看到時，植株感染通常就已經進入初期。所以如果能在好發的季節，使用油類來進行防治，效果也會相當不錯，但一定要避開天氣比較炎熱時。

另外，像是波爾多液也可以用來進行防治銹病。

製作波爾多液，可以用生石灰、硫酸銅，以 1：1 的比例，再加入 1 公升的熱水。如果是用量的話，我們可以用硫酸銅跟生石灰各 4 公克，加入 1 公升的熱水。（一定要用熱水，不然它不會溶解。）作法是先把石灰加到裡面，邊加邊攪拌，之後再倒入硫酸銅一起攪拌均勻，放涼後就可以使用。

只是噴波爾多液會有一個缺點，就是硫酸銅藍藍的顏色會殘留在葉片或者果實上，影響到外觀，所以在噴的時候，一定要儘量避免想要觀賞或販售的部位上。

由真菌所引起的露菌病

露菌病跟白粉病二種病可說互相配合得完美無缺。露菌病是低溫多濕的時候發生，白粉病是涼爽乾燥的時候，所以通常都是露菌病發生完換白粉病，兩者輪流交替。

它的危害癥狀，會在葉片出現黃白色的一個小白點，漸漸擴散後變成淡黃色的角斑，是一個非常重要而且明顯的徵兆。它會出現像馬賽克的斑紋，有些是三角形，有些是正方形布滿葉片。如果翻到葉背，會有灰色的黴狀物，那個就是孢子，會隨風飄散。嚴重的話葉片就會枯萎、乾掉，這就是受到危害的癥狀。

好發的季節

真菌喜歡低溫多濕的環境，所以入秋到冬天一直到隔年的春天，這一段期間，都是露菌病好發的時間點。

容易感染的植物

危害的植物種類有很多，像是洋桔梗、玫瑰、鳳仙花等。蔬果類像是葫蘆科的小黃瓜、絲瓜、南瓜；十字花科、菠菜、豆科的作物、萵苣、甘藍、葡萄等等。

防治法

通常是秋天到隔年的春天，直到夏天之前，這一段時間，進行密集的防治就可以了。另外，所有的病害一定要保持良好的通風環境，避免太過茂密，通風良好才會減少病害的發生機率。在還沒有發病時，我們種下植株時，最好可以用 1：1 的亞磷酸跟氫氧化鉀混合後做葉面的噴灑，如此一來，就可以誘導出抗病系統，主要是用來預防，如果是發病的植株就沒有效了。另外，亞磷酸跟氫氧化鉀使用上要特別小心，因為亞磷酸是強酸，氫氧化鉀是強鹼，我們配置的時候重量 1：1，配製時要先溶亞磷酸，再溶解氫氧化鉀，稀釋 1000 倍就可以拿來使用，每個禮拜噴一次，連續 4 次效果會比較好。如果剛開始發現露菌病，可以使用礦物油或者葵無露、碳酸氫鉀等等，都可以拿來做防治。微生物的防治，在市面上也能買得到滅黴菌這類的產品，也可以做為防治。另外也可以噴灑波爾多液來防治。

注意事項：

絕對不可以在原始狀態下把亞磷酸跟氫氧化鉀兩個同時加到水裡面去，或者兩個混合後再加水，這是絕對要避免的，因為會發生危險。

自製【葵無露】

材料：葵花油 90 ml、洗碗精 10 ml

作法：將葵花油與洗碗精，一起倒入保特瓶中搖晃，直到呈現乳白色狀即可。

使用方式

1. 噴灑植物幼苗或是嫩葉、嫩芽，以葵無露 1：水 500 的比例稀釋後使用。
2. 一般植株，以葵無露 1：水 250 的比例稀釋後使用。

適用蟲害病

白粉病、銹病、露菌病、小型蟲、介殼蟲、紅蜘蛛等有防治效果。

由細菌所引起的簇葉病

主要是由擬菌質體等因素所引起的，這是一個比較新的病害。它有一個特徵，就是受到病菌感染後，頂芽的生長會受到抑制，而側芽則因為受到刺激提前發育成小枝，之後小枝頂芽再度受到抑制，而小枝側芽則又再長出側小枝，這樣反覆循環，就會造成枝條節間變短、葉片變小造成枝葉簇生，就是所謂的簇葉病。

好發的時間

好發的季節跟溫度有很大的關係，如果天氣熱一點就會比較容易發生，天氣變冷，發病就沒有那麼嚴重。

危害的部位

基本上整株植物都會被感染。比較容易看到是花器跟莖幹的部分容易改變，一看就知道罹病。

容易感染的植物

聖誕紅、向日葵、石竹花、波斯菊、長春草、千日草、酢漿草等。蔬果類的，像是芝麻、地瓜，還有瓜類像絲瓜、苦瓜、冬瓜、南瓜、木瓜；另外像是花生也很嚴重。

防治法

一年四季都要注意，有看到病株就要趕快剪除。比較特別的地方，就是病菌很容易藉由蟲害移動，所以防治時也要連同蟲害一起進行防治，尤其是葉蟬，會帶著病毒、菌質體等，所以這個部分要要做好防治。基本上如果有看到這種情況，植株就直接拔掉。

其次，要防治葉蟬、粉蝨這一類的害蟲。因為昆蟲是媒介，如果能做好防治，基本上就比較不會感染到其他植株。另外一定要把雜草清乾淨，不然菌質體有時會寄生在雜草上。此外，如果有看到牽牛花旋花科這類的雜草，一定要清除，以免很容易就被寄生。因為如果有蟲害，又沒清乾淨，被咬了又傳播，這也是需要嚴防的地方。另外增加植物的抵抗力，用亞磷酸跟氫氧化鉀可能也有幫助。

由細菌所引起的軟腐病

植物感染到軟腐病後，會造成植株軟軟爛爛的現象。當環境濕度比較高時，比較容易被感染，表現出來的癥狀會從一個小圓點開始，出現水浸狀、軟軟的，並以同心圓的方式向外擴散，甚至整片葉片都會有這樣的情況出現，整個組織變得水水的。同時因為它是細菌感染，所以會出現很臭的味道。只要看到植株葉片發出惡臭，然後莖基部輕輕一拔很容易就拔起來，甚至整個爛掉，伴隨臭味，通常就是軟腐病。

好發的部位

好發部位在葉片，或者是莖基部，也就是莖幹跟土表交界處，以及根部。

好發的時間

5-6 月，土壤的濕度比較高的時候，再加上氣溫高，發病就會變得更嚴重，所以在梅雨季 5-6 月是最容易發生的。

容易感染的植物

觀賞花卉的菊科類、蝴蝶蘭，蔬果類的馬鈴薯、地瓜、芋頭、蘿蔔、包心白菜、韭菜、青蔥等等。

防治法

要做好防治，大概在 4—5 月時就要開始注意，漸漸的做好防護措施。很常發生的情況是，因為受到蟲咬，導致病菌就會從缺口進去。另外，盆栽裡面不要積水，儘量排水系統要做好，以免植株長期泡在水裡面，導致根部沒有辦法呼吸而爛根，而一旦有爛根的情況，病菌就很容易跑進去了。還有，如果看到已經被感染的植株，千萬不要捨不得拔掉，以免下雨後病菌會隨著雨水到處傳播。

另外，很重要的就是施肥時，氮肥不可以太多，因為如果氮肥太多，植株會長太快，一旦組織長太快，細胞間就比較鬆散，如此一來，病害就容易入侵。所以除了氮肥的施用量要適度，也可以多補充鈣跟硼這一類的元素，可以讓細胞壁變得比較堅韌，就能減少病菌入侵的機會。

選擇沒有帶病菌、健康的種苗也是必須的。另外，用微生物來進行防治，利用好菌去對抗壞菌，也是常見做法。例如可以用枯草桿菌、液化澱粉芽孢桿菌、木黴菌這一類，以菌制菌來達到平衡，效果相當不錯。這一類的資材，要從苗期開始使用，它才會能夠發揮它最大的功效。

由細菌所引起的青枯病

青枯病是很重要的一個植物病害之一。從他的名字就知道植株染病以後，會快速的萎凋。但是仍然保持植株的綠色，不過會從葉片開始枯萎後最後慢慢的枯死。主要是因為青枯病菌本身會分泌一些物質把維管束堵塞根部去吸收水分，所以看起來像缺水的一個癥狀。且再怎麼澆水，都沒有辦法恢復，會有這樣的一個現象出現，所以又稱為細菌性萎凋病。整個植株都會被感染，尤其是莖的維管束會遭受直接的危害。

判斷方式

即使透過澆水，它也不會恢復。或者把它的莖剪下來，泡到水裡面稍微壓一下，會從切口的地方跑出很多乳白色的像煙霧狀的東西，那個就是病原菌，也就是大量的細菌。

好發的時間

夏天，以及高溫多濕的季節，所以在臺灣算是蠻常見的病態。冬季就比較少發生，另外，他會存活在土壤裡面越冬，所以是土壤傳播性病害，要防止需要花費一番力氣。一旦要進入高溫多濕的季節，就要開始進行防治會變得更重要。

容易感染的植物

大約有 200 多種植物容易感染，像是銀柳、洋桔梗、天堂鳥花、 火鶴花，蔬果類的茄科、甜椒、草莓、花生等等。

防治法

青枯病是很難纏的病害，用化學藥劑基本上也很難看到效果。所以一開始就要選好品種，用健康的種苗，以能抗病或耐病是最好的。其次，要大量運用土壤裡面的有機質，或是添加甲殼粉在裡面，就可以有效降低青枯病在土壤裡面傳播的狀況。

生物防治方式，有一些像是螢光假單胞菌，能對植物病原細菌產生拮抗作用。儘量避開高溫多濕的季節，另外，如果要修剪枝條，所使用的工具一定要沾泡一下 75％酒精後再修剪。這樣子就可以有效減少它的傳播。

另外就是種植完的土，如果發現有曾染過病的植株，一定要把土拿來曝曬。甚至如果有鍋子，可以把它炒一炒會更好。

〔什麼是螢光假單胞菌？〕

螢光假單胞菌可以針對植物的根系與周圍產生代謝的物質，而且除了對於青枯病有防治效果，對於其他一些土壤傳播的病害，都也有抑制的效果。

由細菌所引起的癌腫病

聽到這個名字好像很可怕，沒錯，它會造成植物長出腫瘤。它是怎麼樣的疾病呢？主要就是在樹幹、枝條，跟土壤交界處會形成腫瘤。這是因為在移植或修剪的過程中造成傷口，然後膿桿菌跑進去造成感染，讓周圍的組織細胞分泌植物荷爾蒙中的細胞分裂素跟生長素結合發揮作用，而讓細胞開始瘋狂的生長，最後形成腫瘤。一開始形成是白色的，然後變褐色且顏色會越來越深。

因為它有這兩個激素，所以細胞長得又快又大，而一開始形成時，它會比較軟嫩，所以很容易受到昆蟲、病菌的入侵，往往在腫瘤形成的初期，又受到別的因素感染。腫瘤發生是在韌皮部導致，外型變得亂七八糟，也就會影響到養分的吸收，植物也長不大、發育不良，就是它主要的一個特徵。

好發的時間

全年度都有可能會發生。主要是因為修剪或是移植，尤其是移植時，很容易傷到根部，再加上土壤裡面如果有菌的殘留或者所使用的工具沒有消毒乾淨，剪了原本就帶有膿桿菌的植株殘留，再拿去做別的植株修剪或者移植，馬上就被感染。當它被感染後，有時並不會馬上發病，等到冷涼一點與適合溫度，就會發病。所以，當溫度來到 25 度以下，比較涼爽的季節，可能會比較容易發生，且一旦發生就來不及了。因此在修剪、移植時，一定要特別注意，儘量不要造成植物的傷口。

容易感染的部位

根冠。因為移植或扦插時，很容易造成傷口；再來樹幹還有枝條的部分也容易感染。

容易感染的植物

最常見的應該還是在台灣隨處可見的榕樹，另外像是果樹的荔枝、柿子、釋迦、梨子也都容易感染。

防治的方式

主要就是在進行移植、扦插、嫁接時都會有傷口，在做這些動作時，所使用的器具一定要保持清潔，在整枝、修枝要先用酒精消毒後再進行。還有，當剪完這一棵要換另一棵樹時，再做一次消毒動作，讓風險降低。另外在種植之前，土壤裡面可以撒一些石灰來做消毒或預防。

萬一，植株上已經有傷口的話，可以塗一些石灰硫磺合劑在傷口上面，能起保護的效果。枝條在修剪的時候，不要剪太短要預留緩衝空間，萬一感染，才有空間繼續往下剪。

另外，可以用一些生物防治的方式，我們先把好的菌放入土壤裡面，然後再把植株移過去，看看有沒有辦法抑制膿桿菌，或是增強植物的抵抗力。因為菌跟菌之間，可能會有一些拮抗作用。還有就是如果有腫瘤形成，也可以把它清除掉，再在傷口處進行消毒。

由病毒感染所引起的黃化捲葉病

主要是由嵌紋病毒所引起。在瓜果類是非常嚴重的病害，不僅藤蔓、葉片出現歪七扭八不規則形狀，且會長不大、長的很醜。基本上如果罹患這個病害，就盡早拔除了。因為它沒有任何的藥劑可以進行防治跟治療，即使化學藥劑也完全沒有辦法，所以遇到了就拔掉才是最佳方式。危害的癥狀主要就是在葉片上面。因為是嵌紋病毒，所以它像馬賽克一樣的鑲嵌不同的黃綠色的斑紋，在葉片上面會造成葉片凹凸不平、皺縮，甚至長得很畸形。葉片顏色沒辦法變成綠色，而是變成淡黃色，甚至葉片就是縮小長不大，植株就是矮矮的。結出來的果實，一樣就是凹凸不平，色澤很雜亂、不均。成熟後的果實風味也都不一樣，所以說發生這個疾病時，拔掉是最好的方法。

好發的季節

在高溫多雨的時候，一些刺吸式口器的昆蟲，像是蚜蟲、粉蝨、薊馬都會傳播病害，所以在防治上，就是在這些蟲害的好發季節，就要進行防治，不然一旦罹患這個病毒病，可能就要直接拔除了。另外，種子也可能帶有這個病毒，所以如果栽種到這樣的種子，等到發芽後，就會出現這樣的病症。

容易感染的植物

菊科、藜科、旋花科、葫蘆科、大戟科、龍膽科、錦葵科、辣木科、蕁麻科等

防治法

基本上就是選擇良好的品種，它可能對於病毒的感染就沒有那麼嚴重。另外就是刺吸式口器的昆蟲，像是蚜蟲、粉蝨、薊馬這些蟲類，尤其是粉蝨一定要做好密切的防治。

瞭解導致植物生病的二大類害蟲 防治必學基本知識

比起蔬菜類的蟲害，觀葉類的蟲害種類並沒有很多。常見的基本上可以區分為兩大類。第一類為「吸汁式害蟲」，會從葉、莖來吸取養分，包括最常見的葉蟎、蚜蟲、粉蝨、介殼蟲等，而這些害蟲的體型微小，一旦被發現時往往已經是大量孳生。

第二類是「咀嚼式害蟲」。不論是花、芽、葉、根部等，只要遭到啃食的植物就像蝗蟲過境一般變成光禿禿的。總而言之，不論是哪一種類型的害蟲，對植物發育都會造成嚴重的打擊，所以在採取適當處理方法之前，須先掌握有關害蟲的基本知識，才能及時滅蟲、挽救受害植物。

以下以害蟲對植物造成傷害的部位，包括葉、芽、新梢、花，以及根部和地下莖分別解說。

造成葉、芽、新梢、花受害

種類包括蚜蟲、葉蟎、粉蝨、介殼蟲、椿象、薊馬、網椿、毛蟲、尺蛾、刺蛾的幼蟲、捲葉蟲、蝗蟲、蝸牛、蛞蝓、潛葉蠅

危害莖、枝、樹幹、果實內部

種類包括大透翅天蛾、天牛、螟蛾、象鼻蟲等，草花受到啃食後，會從被侵害的部分往上逐漸枯萎，庭園花木則會出現木屑。

另外會造成根部和地下莖受害的害蟲，包括金龜子的幼蟲、鐵線蟲等等。

防治害蟲的基本對策

防治害蟲的基本就是讓植物能健全生長，所以進行害蟲防治的工作就要落實平日的管理，才是降低害蟲發生的根本之道。如果日照或排水的條件不佳，不但庭園樹木、花木和草花等感染疾病的機率大增，也容易招致害蟲。

因此，初期防治就要把生長環境整頓得宜，才能大幅降低害蟲危害程度。另外，選購健康的苗株、苗木和盆栽，要避免已經出現害蟲的啃食痕跡或已經長蟲的植株。保持空氣流通，不可放任雜草叢生，必須勤加清除是非常必要的，如果有落葉和枯葉，也需一併清理乾淨，保持周圍環境的整潔。一旦通風和採光不好，就會招致害蟲大增。另外，施肥時，氮、磷、鉀的比例要保持均衡。如果氮肥施予過多，葉片會徒長，並且發育成軟弱不良的狀態，也容易淪為害蟲大吃特吃的對象。

常見的植物害蟲天牛

天牛的危害主要不是成蟲，而是幼蟲會鑽到樹幹裡面，開始蛀咬樹幹變成一個洞、一個洞，然後在裡面建造起迷宮般，到處跑來跑去，就會造成植物沒有辦法運輸水分，漸漸的就會乾枯而死。一般來說，如果發生天牛的危害，會在樹皮上看到一個梯形切口，或者有一個洞、一個洞，並且有膠質物流出來，或是出現木屑來做為判斷。

好發的季節

發病時間點為全年。因為他的幼蟲生長期很長，樹體裡面待了很久的時間，甚至可以長達到10個月之久。

容易感染的植物

一些觀賞樹木也都會被他所侵蝕。另外蔬果類的果樹也非常廣泛，比如柑橘類、柳類、芭樂、荔枝、蓮霧、龍眼、木瓜、楊桃等等。

防治法

以果樹來說，從種下去的那一瞬間，就要開始做防治了。因為容易發病的部位在基部，天牛會從基部慢慢的往上爬，所以要在基部開始做防治，預防樹幹被他蛀咬出洞狀。

目前，大部分都是要防止天牛產卵，所以會在基部的地方包裹上稻草、網子、報紙或瓦楞紙等等，防止他直接到樹體上面產卵，如此也就不會蛀到樹幹裡面。或者可以使用石灰硫磺混合劑，也就是生石灰：硫磺：水，以1：1：20的比例，煮過之後，把它塗抹在樹幹上，產生保護效果，就可以防止天牛去產卵。用這個方式，大約可以維持1.5個月。萬一發現到樹幹有出現被蛀咬的洞，這時，可以使用近年研發出來的高壓氣槍，只要對著蟲孔打氣進去，因為打進去的空氣壓力很大，就可以把蟲打死或直接把它打出來，這些都是目前用來防治天牛比較好的方式。

常見的植物害蟲介殼蟲

介殼蟲的身體扁平橢圓，他的種類很多，有粉介殼蟲、吹棉介殼蟲、圓盾介殼蟲等等，大部分的危害都是大同小異，會吸食植物的葉片、莖的汁液以及果實。所造成的危害大概就是跟銀葉粉蝨一樣，會造成煤煙病後，影響光合作用，進而會影響到植物健康的生長。

好發的季節

發病的時間點，一年四季全年度都有，比較好發期大概是從 11 月到隔年的 5 月這個期間，因為比較沒有那麼多的雨水，族群數量會比較多，大概天氣比較熱的時候，染病的族群就會下降。在 7 月到 9 月，夏天時族群就沒有那麼多，不過防治的時間點還是要以全年度來做防治的效果會比較好。

容易感染的部位

植株的葉片，以及蔬果類的果實

容易感染的植物

幾乎所有植物都會，常見的觀葉例如：金露花、金錢樹、月橘、蘭花、粗肋草、袖珍椰子、榕樹、福木、變葉木。還有果樹、蔬菜甚至是觀賞作物、花卉都會看到他的蹤跡，非常廣泛。

防治法

雖然防不勝防，但是我們還是要想辦法來防治，減少其族群數量，通常使用一些油類效果是蠻好用的，用物理性的包覆把他身上的棉絮，以及蟲體身上的粉弄掉，並且把氣孔堵住讓他死掉。甚至有看到蟲體時，可以直接抓掉。

另外，可以使用像是一些礦物油，比如：窄域油、夏油這一類的，一個禮拜噴灑一次連續 4 次，都能夠達到很好的防治效果。還有像是葵無露也可以當成防治對策。他跟蚜蟲還有銀葉粉蝨都有一個共通點，就是螞蟻。所以針對螞蟻也要進行防治，因為他們是共生，只要會產生蜜露就會吸引一些昆蟲來食取，所以要防治。防治介殼蟲跟蚜蟲很重要的一點就是連同螞蟻要一同防治，可以利用有機無毒的資材，例如：硼砂、硼酸等等，或者他的天敵：瓢蟲，也是不錯的防治方式。

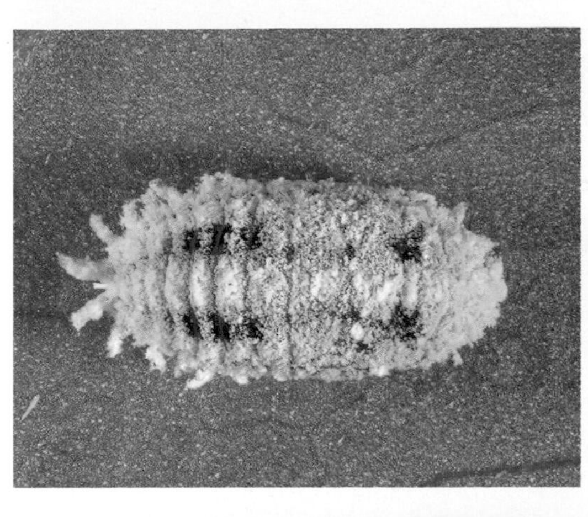

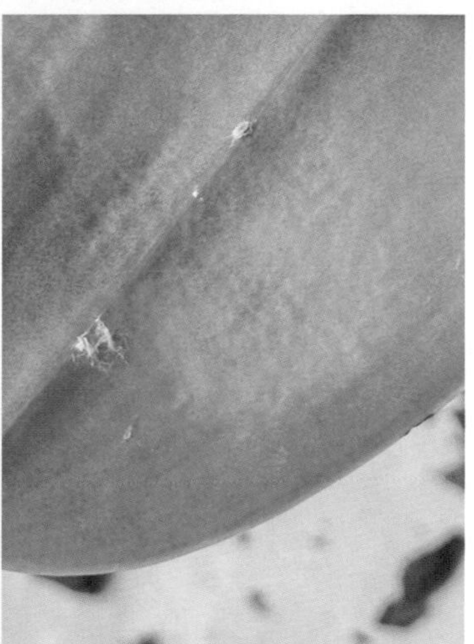

常見的植物害蟲葉蟎

葉蟎分為二點葉蟎，我們又叫它白蜘蛛，跟神澤葉蟎，也就是所謂的紅蜘蛛，這兩種在蟎類算是兩大巨擘。蟎類的口器會刺入植物體裡面的組織，因為它很小，所以在葉片上面，就會出現非常細小的小白斑，一點一點密密麻麻，那個就是他的危害症狀，如果在葉片上看起來霧霧的，甚至是一整片，基本上就已經是很嚴重，有時甚至可以看到葉片上面它所結的網，非常細，點像蜘蛛絲，會隨風飄逸，一看就知道是二點葉蟎危害的症狀。

好發的季節

發病的時間點通常就是一年四季，但在溫度比較高且乾燥的時候，危害的情況會更為嚴重。

容易感染的部位

比較容易發病的部位在葉片，尤其是老葉容易產生密密麻麻蟎害。

容易感染的植物

觀葉植物感染的機率都非常高。而蔬果類比較常見的像是甜瓜、草莓、梨、蘋果、楊桃、茶、木瓜等為主要的感染作物，這些也通常比較具經濟價值。

防治法

有機無毒的方式，我們可以用一些天敵。像是捕植蟎、草蛉、瓢蟲這些都是二點葉蟎的天敵，還有小黑椿象也是所以藉由這個天敵的施放，或者說把周遭的環境生態建立起來，那蟎類危害就會比較少。而一般的化學藥劑對於二點葉蟎來說，其抗藥性已經已經產生了，若要使用化學藥劑防治，必須輪替使用，以效果來說，還是以有機藥劑來得有效，甚至使用苦楝油、幸域油的防治效果也非常好。

另外，因為一年四季都會發生，所以在高溫的時候一定要避免使用這些油劑，以免讓葉面受傷，並且要注意它的稀釋倍數，最好可以從低濃度、高倍數的例如 1：1500 倍，往下使用。另外，也可以使用葵無露來做為防治。

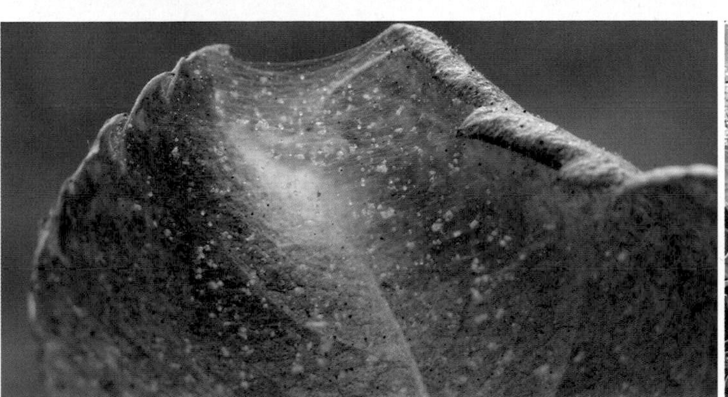

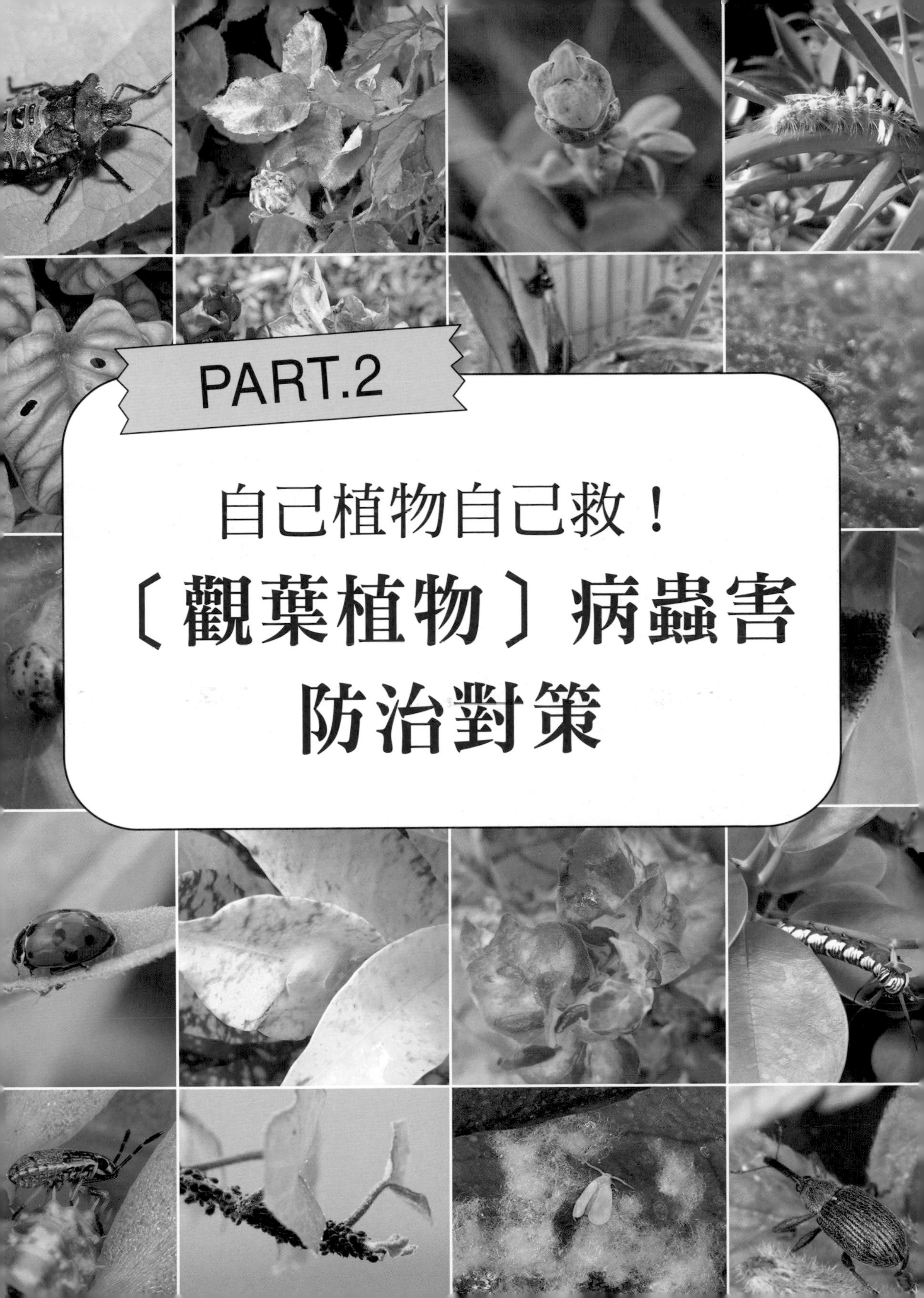

PART.2

自己植物自己救！

〔觀葉植物〕病蟲害防治對策

羽裂蔓綠絨

病蟲害

葉蟎是吸汁式的害蟲，主要附著在葉背吸食汁液，葉子就會呈現泛白，導致光合作用難以進行，影響正常生長。

在葉片上容易看到身體呈現扁平橢圓的介殼蟲，像是吹棉介殼蟲、圓盾介殼蟲等等在吸食植物的葉片。

羽裂蔓綠絨喜歡高濕的環境，需要疏鬆且肥沃的介質。平常就要檢查植株的生長情況，一旦發現葉片出現病蟲害時，就要趕緊拔除，避免病蟲害的情況擴散。而羽裂蔓綠絨常見的病蟲害包括：葉斑病、褐斑病、細菌性斑點、炭疽病、葉枯病、蚜蟲、介殼蟲、葉蟎等。

除了病蟲害之外，比較常見是出現下部葉片出現變黃脫落，有可能是因為水肥不足所導致。另外，如果葉片出現褪色，可以先檢查水分或光照是否足夠，要適當給水，還要放到室內明亮處來獲得改善。

Data

主要病害 葉斑病、褐斑病、細菌性斑點、炭疽病、葉枯病

主要蟲害 介殼蟲、葉蟎、蚜蟲

發生時間 褐斑病從梅雨季一直到秋天颱風來時；介殼蟲好發期從 11 月到隔年的 5 月

主要防治方式

褐斑病防治可以用波爾多液，或者是蕈狀芽孢桿菌。罹病太嚴重的葉片要修剪移除。

介殼蟲的防治，通常會用一些礦物油、窄域油、夏油這類油，以物理性的包覆將蟲身上的棉絮或粉弄掉，將蟲的氣孔堵住讓他死掉，就能達到不錯的防治效果。

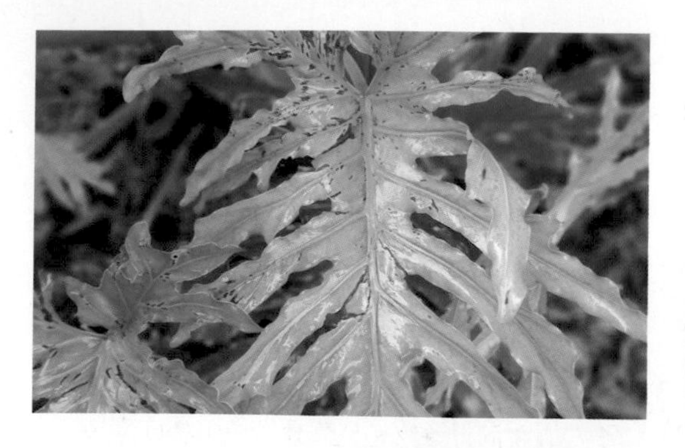

褐斑病

1 2 3 4 **5 6** 7 8 **9 10** 11 12

主要在葉片上會有比較明顯的癥狀，在罹病的部位，會看到像是被油漆隨機噴灑到出現點狀分布，中間是灰的，周圍有黃暈，慢慢擴大後，葉片就會枯萎，這是比較典型的癥狀。蘭花、福祿桐、毬蘭、腎蕨、鳳尾蕨、網紋草、黛粉葉、黃金葛都蠻常見。

防治法

防治上面可以用波爾多液，或者是蕈狀芽孢桿菌。最重要就是萬一罹病，一定要把這些殘渣落葉，或者是罹病太嚴重的葉片把它修剪移除掉。使用的器具一定要做好消毒，避免雨水飛濺，保持通風以及良好的排水。

炭疽病

1 2 3 4 **5 6** 7 8 9 10 11 12

炭疽病很容易造成葉片上面的危害。還有對於果實也具有一定的傷害性。尤其如果在果實蔓延開來，會影響到收成。對於觀葉植物來說，就會嚴重影響到外觀，甚至會造成植株死亡，在龜背芋、粗勒草、鵝掌藤也都很常見。

防治法

如果看到葉片上面有炭疽病的病斑出現，就要趕快把他拔除，或者是說看到一點一點的病斑時就針對重點部位開始噴藥來進行防治。另外，使用有機無毒的資材，例如肉桂油、波爾多液、石灰硫磺合劑都可以。

銹病

1 2 **3 4** 5 6 7 8 9 10 **11 12**

銹病屬於真菌，大部分的植株都會感染，在葉片上面會呈現橙色、橘色、紅色的橢圓形的小斑點，之後會破裂長出一些粉，像是生銹的鐵屑，那是他的孢子，會隨著水還有風來進行傳播。

防治法

看到比較嚴重病斑的葉片或植株，就一定要拔除，保持良好的通風也很重要。它跟白粉病的防治方法也很像，比如礦物油、窄域油這一類的油類把他的孢子覆蓋住，讓其失去活性，來達到防治的效果。

介殼蟲

1 2 **3 4 5 6 7 8 9 10** 11 12

俗名：龜神、白苔。介殼蟲身體扁平橢圓，種類很多，包括吹棉介殼蟲、圓盾介殼蟲等等，危害大同小異，都會吸食葉片、莖的汁液以及果實。影響光合作用且會造成煤煙病的發生。

防治法

通常會用一些油類，像是一些礦物油、窄域油、夏油這一類，進行物理性的包覆，把他身上的棉絮、蟲體的粉弄掉，並把氣孔堵住讓他死掉。都能達到不錯的防治效果，一個禮拜噴灑一次，連續 4 次。另外像是葵無露也不錯。

葉蟎類

1 2 3 4 5 6 7 8 9 10 11 12

葉片的色澤變淡，或出現如蜘蛛絲纏繞的情況，那有可能是感染葉蟎。常見的有神澤氏葉蟎（俗稱紅蜘蛛）、二點葉蟎（俗稱白蜘蛛）、茶葉蟎及赤葉蟎等。體長只有 0.2-0.4mm，繁殖速度很快，一旦孳生太多就會像蜘蛛一樣結出網。主要附著在葉背吸食汁液，葉片會出現白色斑點，斑點過多葉子就會泛白，影響光合作用。鳳仙花、萬壽菊、玫瑰、齒葉冬青、桂花等都容易受害，另外比較常見的像是甜瓜、草莓、梨、蘋果、楊桃、茶、木瓜等為主要的感染作物，這些也通常比較具經濟價值；一般觀葉植物也很常見。

防治法

比較容易發病的部位：
主要在葉片，尤其是老葉容易密密麻麻的，很容易就看出來說是二點葉蟎的危害。

有機無毒的方式，可以用一些天敵。像是捕植蟎、草蛉、瓢蟲這些都是，二點葉蟎的天敵，包括小黑椿象，所以藉由天敵的施放，或者是說把周遭的環境生態建立起來，葉蟎的危害就會比較少。而一般的化學藥劑對於二點葉蟎來說，它的抗藥性已經已經產生了，若要使用化學藥劑防治，必須輪替使用，且以效果來說，還是以有機藥劑來得有效，甚至使用苦楝油、窄域油的防治效果也非常好。
另外，因為一年四季都會發生，所以在高溫的時候一定要避免使用這些油劑，以免讓葉面受傷，並且要注意它的稀釋倍數，最好可以從低濃度、高倍數的例如 1500 倍，往下使用。另外，葵無露也可以用來防治。葵無露的製作方式，請參考 P32。

防蟲抗病筆記

除了病蟲害
植物一旦缺乏營養素也會產生病態

除了病蟲害之外，植物如果缺乏營養素，也會表現在外觀上，比如葉子變黃，有可能是土壤中的氮素不足，或是組成葉綠素的鎂以及葉綠素形成所需要的鐵，當這些微量元素不足時，都會導致葉片變黃。甚至葉片變黑、葉片變白等情況，都有可能是缺乏營養素所致。
要避免這些情況發生，可以從以下幾點來加以改善。

1 避免土壤過於貧瘠

對於植物來說，土壤就像我們所吃的食物般重要，因此，我們很容易就能理解到，萬一土壤太過貧瘠，那些植物所需要的營養素必然也會非常匱乏，如此，種出來的植株當然不會油綠健康，因此避免土壤過於貧瘠，讓土壤中的營養素更加均勻，是非常重要的一件事。需適時增加有機質含量，對於各種元素的吸附留存是很有幫助的。

2. 避免土壤的酸鹼性失衡

土壤的酸鹼度 pH 值一般在 4-9 範圍內。而酸鹼度會影響到營養素，比如當土壤偏鹼性，會降低鐵或鎂的有效性。植物偏愛的酸鹼度在 6.0-6.5 左右，把酸鹼值範圍維持在適合於台灣大多數的植物。

3. 避免澆太多水或缺水

水澆太多，除了會有積水造成爛根的問題外，大量的水分也會讓營養素跟著流失。而如果土壤缺水太過乾旱，土壤中的微生物分解會受到局限，長此以往，就會缺乏營養素。

象牙海岸觀音蓮 病蟲害

象牙海岸觀音蓮所使用的容器，一定要選有孔洞容易排水的為佳，可以在底部鋪上一層發泡煉石來增加排水性，介質也要以排水性佳的土壤為首選，可以加入珍珠石。平常就要檢查植株的生長情況，一旦發現葉片出現病蟲害時，就要趕緊剪除，避免病蟲害的情況擴散。象牙海岸觀音蓮常見的病蟲害包括：軟腐病、疫病、炭疽病、介殼蟲等。

除了病蟲害之外，比較常見是下部葉片出現變黃脫落，有可能是因為水肥不足所導致。另外，如果葉片出現褪色，可以先檢查水分或光照是否足夠，要適當給水來獲得改善。

Data

主要病害 軟腐病、疫病、炭疽病

主要蟲害 介殼蟲

發生時間 全年都要做好防治。尤其在高溫多濕的情況下容易傳播

主要防治方式

看到葉片上面有病斑出現，就要趕快拔除且針對重點部位用亞磷酸來增加植物的抗性。也可以用波爾多液來進行防治在秋天入冬天，一直到夏天之前都要進行防治。像是液化澱粉芽孢桿菌這一類的微生物噴在比較容易罹病的部位來進行防治。

灰黴病的病斑會在葉片邊緣呈現V字形的擴展，可以看到葉片上有灰色的黴狀物，尤其在低溫高濕的環境下，會更加嚴重。

除了容易看到初期在葉片引起水浸狀外，在莖部也能看到逐漸擴大為為水浸狀的病斑。

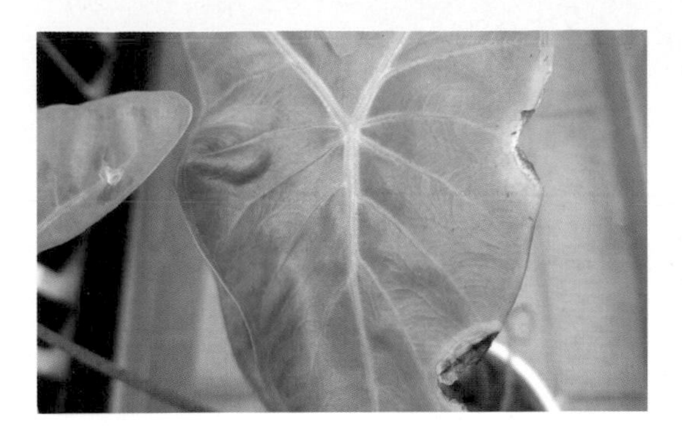

疫病

1 2 3 4 5 6 7 8 9 10 11 12

疫病罹病的狀況，最典型就是葉片上會有一些水浸狀，不規則的病斑出現，且組織會比較軟爛，會有一些菌絲跑出來。莖基部也會出現褐色病斑，一旦感染，會出現皺縮導致植物就沒辦法吸收水分而死亡。蘭花、常春藤、扶桑、海豚花、夏堇、瑪格莉特菊都容易感染。

防治法

全年都要做好防治。尤其在高溫多濕的情況下會傳播。另外，看到葉片上面有病斑出現，就要趕快拔除且針對重點部位用亞磷酸來增加植物的抗性。也可以用波爾多液來進行防治。波爾多液的製作方式，請參考 P30。

炭疽病

1 2 3 4 5 6 7 8 9 10 11 12

炭疽病很容易造成果實和葉片上面的危害。大部分對於葉片的傷害性也常見。但是如果發生在果實一蔓延開來，基本上就是零收成，所以對於果實類的病害算是蠻嚴重的。龜背芋、粗勒草、鵝掌藤都很常見。

防治法

如果看到葉片上面有炭疽病的病斑出現，就要趕快把他拔除，或者看到一點一點的病斑時就針對重點部位開始噴藥來進行防治。另外，使用有機無毒的資材，例如肉桂油、波爾多液、石灰硫磺合劑都可以。

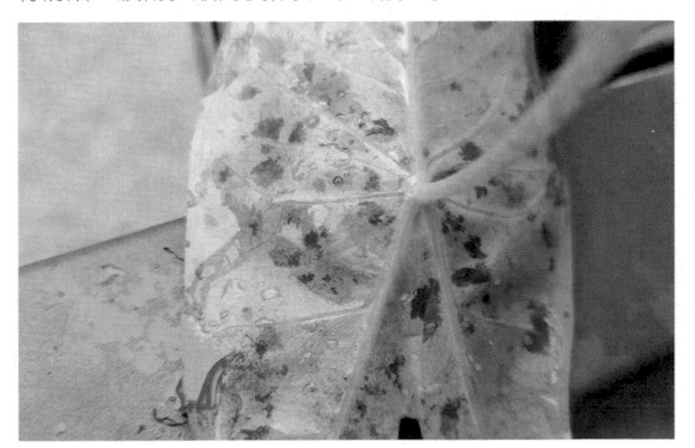

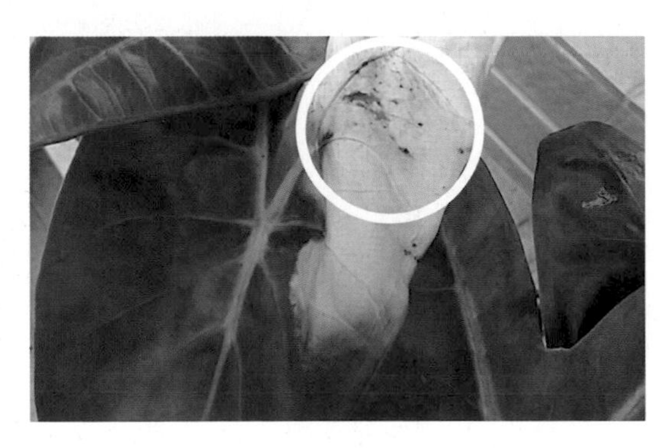

軟腐病

1 2 3 4 5 6 7 8 9 10 11 12

植物受到感染會造成軟軟爛爛的現象，尤其當環境濕度比較高時，更容易被感染，表現出來的癥狀會從一個小圓點開始，出現水浸狀，並以同心圓的方式向外擴散，整個組織變得水水的。同時因為是細菌感染，所以會有惡臭。

防治法

4-5 月就要開始做好防護措施。儘量排水系統要做好，以免根部長期泡在水裡面而導致爛根。施肥時如果氮肥太多，植株會長太快，細胞間就比較鬆散，病害就容易入侵。

介殼蟲

1 2 3 4 5 6 7 8 9 10 11 12

俗名：龜神、白苔。介殼蟲身體扁平橢圓，種類很多，包括吹棉介殼蟲、圓盾介殼蟲等等，危害大同小異，都會吸食葉片、莖的汁液以及果實。影響光合作用且會造成煤煙病的發生。

防治法

通常會用一些油類，像是一些礦物油、窄域油、夏油這一類，進行物理性的包覆，把他身上的棉絮蟲體的粉弄掉，並把氣孔堵住，都能達到不錯的防治效果，一個禮拜噴灑一次，連續 4 次。另外葵無露也有防治效果。葵無露的製作方式，請參考 P32。

甲骨文觀音蓮病蟲害

除了容易看到初期在葉片引起水浸狀外，最後整片葉子容易出現逐漸擴大為黃色的樣子。

平常就要檢查植株的生長情況，一旦發現葉片出現病蟲害時，就要趕緊拔除，避免病蟲害的情況擴散。甲骨文觀音蓮最常見的病蟲害為炭疽病、軟腐病等。若葉片出現褪色的話，可以先檢查水分，種植甲骨文觀音蓮所使用的容器，一定要選有孔洞容易排水的為佳，可以在底部鋪上一層發泡煉石來增加排水性，介質也要以排水性佳的土壤為首選，可以加入珍珠石。以及光照是否足夠，除了要適當給水外，還要放到室內明亮處來加以改善。

Data

主要病害 炭疽病

發生時間 梅雨季是炭疽病的好發期

主要防治方式

使用有機無毒的資材，例如肉桂油、波爾多液、石灰硫磺合劑都可以拿來使用。另外，多數觀葉植物很怕水太多，所以如果沒有忘記澆水而植物變得軟軟的，可以先檢查是否水過多造成根部「淹死」無法呼吸，進而失去擷取水分的作用。

炭疽病

1 2 3 4 **5 6** 7 8 9 10 11 12

炭疽病很容易造成葉片上面的危害。還有對於果實也具有一定的傷害性。尤其如果在果實蔓延開來，會影響到收成。對於觀葉植物來說，就會嚴重影響到外觀，甚至會造成植株死亡，在龜背芋、粗勒草、鵝掌藤也都很常見。

防治法

使用有機無毒的資材，例如肉桂油、波爾多液、石灰硫磺合劑都可以拿來做使用。而波爾多液在寒冷、潮濕的環境下，沒有辦法蒸散，退去的時間會比較慢，且因為有加硫酸銅，所以在葉片類上比較容易引起藥害。

黑葉觀音蓮 病蟲害

平常就要檢查植株的生長情況，一旦發現葉片出現病蟲害時，就要趕緊拔除，避免病蟲害的情況擴散。黑葉觀音蓮常見的病蟲害包括：軟腐病、疫病、炭疽病、介殼蟲等。

除了病蟲害之外，比較常見是出現下部葉片變黃脫落，有可能是因為水肥不足所導致。另外，如果葉片出現褪色，可以先檢查排水情況。黑葉觀音蓮所使用的容器，一定要以具孔洞且容易排水的為佳，可以在底部鋪上一層發泡煉石來增加排水性，介質也要以排水性佳的土壤為首選，可以加入珍珠石，及適當給水。

Data

主要病害 軟腐病、炭疽病、疫病

主要蟲害 介殼蟲

發生時間 全年都要做好防治。尤其在高溫多濕的情況更需要注意。

主要防治方式

看到葉片上面有病斑出現，就要趕快拔除且針對重點部位用亞磷酸來增加植物的抗病性。也可以用波爾多液來進行防治。

介殼蟲的防治，通常會用窄域油、夏油這類油，以物理性的包覆將蟲身上的棉絮或粉弄掉等。

軟腐病

1 2 3 4 **5 6** 7 8 9 10 11 12

植物受到感染會造成軟軟爛爛的現象，尤其當環境濕度比較高時，更容易被感染，表現出來的癥狀會從一個小圓點開始，出現水浸狀，並以同心圓的方式向外擴散，整個組織變得水水的。同時因為是細菌感染，所以會有惡臭。

防治法

選擇沒有帶病菌、健康的種苗是必須的。另外，用微生物來進行防治，用好菌去對抗壞菌，也是常見做法。例如可以用枯草桿菌、液化澱粉芽孢桿菌、木黴菌這一類，以菌制菌來達到一個平衡，效果相當不錯。這一類的資材，要從苗期開始使用，它才會能夠發揮它最大的功效。

銀龍觀音蓮 病蟲害

上面的白色粉末是是白粉病的菌絲跟孢子，會隨風飄散感染其他的部位或其他植株。

銀龍觀音蓮常見的病蟲害包括：葉斑病、褐斑病、細菌性斑點、炭疽病、葉蟎等。

平常就要檢查植株的生長情況，一旦發現葉片出現病蟲害時，就要趕緊拔除，以免病蟲害擴散。

另外，多數觀葉植物很怕水太多，所以如果沒有忘記澆水而植物變得軟軟的，可以先檢查是否水過多造成根部「淹死」無法呼吸，進而失去攝取水分的作用。

Data

主要病害	葉斑病、褐斑病、細菌性斑點、炭疽病、葉枯病
主要蟲害	葉蟎
發生時間	褐斑病從梅雨季一直到秋天颱風來時；介殼蟲好發期從11月到隔年的5月

主要防治方式

褐斑病防治可以用波爾多液，或者是蕈狀芽孢桿菌。罹病太嚴重的葉片要修剪移除。

炭疽病

1 2 3 4 **5 6** 7 8 9 10 11 12

葉斑病主要是危害葉片，在發病初期，葉片表面會出現圓形褐色的水浸狀小斑，之後會擴大為不規則的斑狀，等到罹病嚴重，整個病斑匯集在一起，葉片就會出現局部性的黃化或乾枯。

防治法

萬一罹病，一定要把殘渣落葉，或者是罹病太嚴重的葉片把它修剪移除掉。所使用的器具一定要做好消毒，避免雨水飛濺，保持通風以及良好的排水。防治上面可以用波爾多液，或者是蕈狀芽孢桿菌。

圓葉花燭 病蟲害

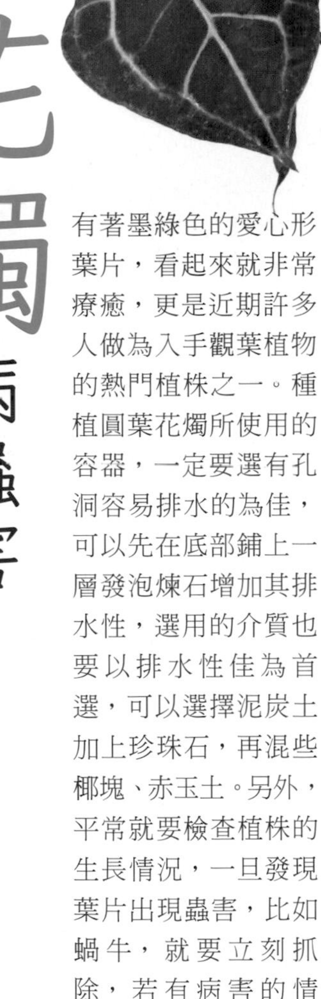

除了葉尖，也很常在葉片上看到病斑，最後整片葉子容易出現逐漸擴大為黃色的樣子。

有著墨綠色的愛心形葉片，看起來就非常療癒，更是近期許多人做為入手觀葉植物的熱門植株之一。種植圓葉花燭所使用的容器，一定要選有孔洞容易排水的為佳，可以先在底部鋪上一層發泡煉石增加其排水性，選用的介質也要以排水性佳為首選，可以選擇泥炭土加上珍珠石，再混些椰塊、赤玉土。另外，平常就要檢查植株的生長情況，一旦發現葉片出現蟲害，比如蝸牛，就要立刻抓除，若有病害的情況，也要立刻拔除，避免擴散。圓葉花燭最常見的病害為炭疽病、葉枯病等。

Data

主要病害　葉枯病

主要防治方式

使用有機無毒的資材，例如波爾多液、石灰硫磺合劑都可以拿來使用。另外，如果看到葉片上面出現病斑，除了要趕快拔除外，在看到一點一點的病斑時，就要好好的針對重點部位開始噴藥來進行防治。

葉枯病

1 2 3 4 **5** **6** 7 8 9 10 11 12

從葉尖長出往底部逐漸擴散的淡褐色病斑，不久轉為灰白色。症狀和褐斑病類似，不同之處是會在初夏落葉。切除發病的葉片。病斑部分如果擴大時，葉片會紛紛掉落，落葉也要清除乾淨。過於茂密的枝葉必須定期修剪與整枝，以維持通風良好

防治法

如果看到葉片上面有病斑出現，就要趕快拔除，或是說看到一點一點的病斑時就針對重點部位開始噴藥，例如波爾多液等來進行防治。另外，一開始選用健康的植栽，環境上要避免高濕，也要注意通風的問題。波爾多液的製作方式，請參考 P30。

佛手蓮病蟲害

除了蝸牛，有時也會看到葉蟎所引起的葉片出現白斑，甚至有整片泛白的情況發生。

佛手蓮除了土培，也可以用水耕的方式來種植，介質上可以使用泥炭土、腐葉土或者是培養土所混合調配的土壤來進行栽培。若要用水耕的方式，則要注意防止爛根，且必須要定期清洗根部。平常可以增加營養液，讓葉片生長得更好，而佛手蓮喜歡涼爽、濕潤的環境，所以也非常適合室內栽培，且因抗病能力強，所以病蟲害的發生機率較低。

Data

主要蟲害　蝸牛

發生時間　蝸牛好發期從11月到隔年的5月

主要防治方式

蝸牛的防治，可在植株周圍撒上引誘劑，便能更容易捕捉到害蟲。要注意的是避免晚上澆水，以防止夜間出沒的蝸牛入侵。

蝸牛

1 2 3 4 5 6 7 8 9 10 11 12

會隱身在盆底、落葉或者石頭底下，所以除了要定時的巡視盆栽底部，如有發現蝸牛就立即消滅外，有落葉時要清理乾淨。澆水的量也要控制得宜，避免濕度太高，並且保持良好的通風，盆栽底部要放置接水盤。

防治法

在植株周圍撒上引矽藻土、鋸木屑、澱粉、石灰等，當蝸牛行經後會附著在體表上，造成體液黏度增加進而影響到行動。另外，含有「皂素」的產品像是苦茶粕也可以有效防治，但使用防治蝸牛資材要注意同樣屬於軟體動物的蚯蚓也會受到傷害。

光葉石楠 病蟲害

屬於常綠喬木的光葉石楠，在台灣是非常常見用來作為綠籬的園藝植栽，嫩枝呈現漂亮鮮紅或淡粉紅色，種植光葉石楠所使用的容器，一定要選有孔洞容易排水的為佳，可以先在底部鋪上一層發泡煉石增加其排水性，選用的介質也要以排水性佳為首選，可以泥炭土：珍珠石：蛭石＝2：1：1來進行調配。平常就要檢查植株的生長情況，一旦發現葉片出現病蟲害時，就要立刻拔除，避免病蟲害的情況擴散。光葉石楠最常見的蟲害為椿象等害蟲。

Data

主要蟲害 椿象

發生時間 3月到10月

主要防治方式

如果看到葉片上面出現病斑，除了要趕快拔除外，在看到一點一點的病斑時，就要好好的針對重點部位開始噴藥來進行防治。可直接移除，還有檢查葉片上是否有卵，如果發現，直接摘除即可。

椿象

1 2 3 4 5 6 7 8 9 10 11 12

當椿象被觸碰到時，常會射出臭液，因此不僅會造成葉片灼傷，一旦接觸到皮膚或眼睛，就有可能引起過敏。且味道奇臭無比。同時因為牠們的種類非常多，而且不論在體型大小上，或者在外觀的紋路或身體顏色都不盡相同。會對植物造成的影響，在於新芽、葉，或者蔬果類的果實，不僅會造成生長遲緩，也有可能導致整個植株枯死。

防治法

養成隨時觀察植物的習慣，一旦發現幼蟲和成蟲就立刻撲滅。他們會藏身在落葉底下或雜草地，並且能在這些地方越冬，所以落葉和雜草的清理要徹底執行。

三爪金龍病蟲害

三爪金龍葉柄細長，葉片為不規則波浪狀，且全年都是黃色，近幾年種植的人愈來愈多，適合全日照的環境，如果是半日照，葉色會較綠。種植三爪金龍所使用的容器，一定要選有孔洞容易排水的為佳，可以先在底部鋪上一層發泡煉石增加其排水性，選用的介質也要以排水性佳為首選，可以泥炭土：珍珠石：蛭石＝2：1：1來進行調配。平常就要檢查植株的生長情況，一旦發現葉片出現病蟲害時，就要立刻剪除，避免病蟲害的情況擴散。

Data

主要病害 褐斑病、葉枯病、萎凋病

主要蟲害 粉蝨

發生時間 褐斑病從梅雨季一直到秋天颱風來時；介殼蟲好發期從11月到隔年的5月

主要防治方式

褐斑病防治可以用波爾多液，或者是蕈狀芽孢桿菌。罹病太嚴重的葉片要修剪移除。

粉蝨的防治，通常會用一些礦物油、窄域油、夏油，以物理性的包覆將蟲身上的棉絮或粉弄掉，將蟲的氣孔堵住讓他死掉，就能達到不錯的防治效果。

一搖晃植物，就會出現如粉塵般揚起的粉蝨。成蟲和幼蟲都會待在葉片背面吸食汁液。

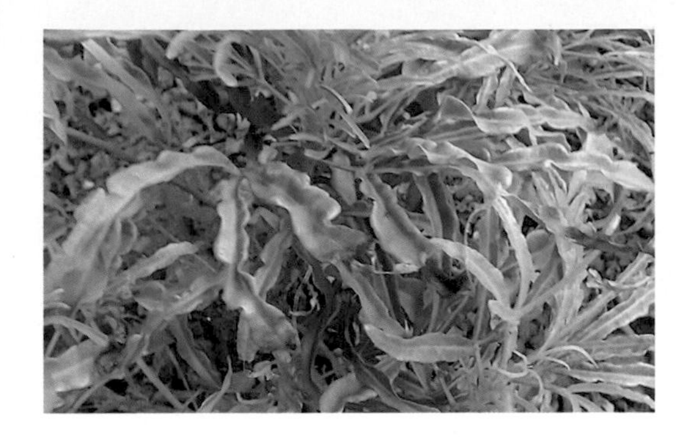

褐斑病

1 2 3 4 5 6 7 8 9 10 11 12

主要在葉片上會有比較明顯的癥狀，在罹病的部位，會看到像是被油漆隨機噴灑到出現點狀分布，中間是灰的，周圍有黃暈，慢慢擴大後，葉片就會枯萎，這是比較典型的癥狀。蘭花、福祿桐、毬蘭、腎蕨、鳳尾蕨都很常見。

防治法

防治上面可以用波爾多液，或者是蕈狀芽孢桿菌。最重要就是萬一罹病，一定要把這些殘渣落葉，或者是罹病太嚴重的葉片把它修剪移除掉。使用的器具一定要做好消毒，避免雨水飛濺，保持通風以及良好的排水。

萎凋病

1 2 3 4 5 6 7 8 9 10 11 12

是由黴菌引起的疾病，從根部入侵的黴菌會逐漸感染到莖部，導致植物發病。起初的症狀是莖部前端枯萎，萎凋病發病後，首先從下葉開始轉黃、枯萎，最後逐漸擴大到全體。根部也會變成褐色並且腐爛。

防治法

防治上。最重要就是萬一罹病，一定要把這些殘渣落葉，或者是罹病太嚴重的葉片把它修剪移除掉。器具一定要做好消毒，避免雨水飛濺。加強栽培管理，不要過於密植，保持通風良好，選擇排水性良好的土壤。

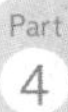

葉枯病

2 3 4 5 6 7 8 9 10 11 12

葉枯病主要為害於葉、柄。一旦葉片受害，會產生褐色小斑，之後會逐漸擴大成不規則病斑，表面會呈現淡褐色，在葉片的反面，則呈現出紅褐色甚至是黑色當嚴重發病時病斑會布滿整個葉面，直到植株枯死。

防治法

防治上面可以用波爾多液，或者是蕈狀芽孢桿菌。最重要就是萬一罹病，一定要把殘渣落葉，或者是罹病太嚴重的葉片把它修剪移除掉。

粉蝨

1 2 3 4 5 6 7 8 9 10 11 12

容易發生的部位在葉片。一搖晃植物，就會出現如粉塵般揚起的害蟲。成蟲和幼蟲都會待在葉片背面吸食汁液。溫室粉蝨容易發生在多種植物，會在短期內大量繁殖，誘發植物感染煤煙病。

防治法

體長約 1mm 的小蟲，具備群居的特質。可利用其討厭太陽反射光的特性，使用銀黑色塑膠布避免其靠近。另外也要勤加拔除雜草，讓害蟲失去棲身之所。

竹柏病蟲害

通常竹柏不太容易受到病菌的侵襲，但如果長期處在通風條件不良的環境，就有可能讓植株本身的防禦系統變差，導致容易感染病蟲害。而一旦發現病徵，就應該馬上檢查是不是因為種了太多植物，因密植所造成的通風不良？或者是水分的供給太多或過少？介質有沒有不夠肥沃的問題等等。另外，一旦發現葉片出現病蟲害時，就要趕緊拔除，避免病蟲害的情況擴散。竹柏的常見的病蟲害包括：褐斑病、炭疽病、葉枯病，常見的蟲害包括葉蟎、橙帶藍尺蛾幼蟲、小白紋毒蛾、尺蠖蛾、介殼蟲等。

Data

主要病害 褐斑病、炭疽病、葉枯病

主要蟲害 葉蟎、橙帶藍尺蛾幼蟲、小白紋毒蛾、尺蠖蛾、介殼蟲

發生時間 一年四季都有可能發生

主要防治方式

防治葉蟎，要養成時常觀察葉片背面的習慣，植株間保持適當的間隔，避免密植，以維持良好的通風環境。葉蟎不耐濕氣，所以在牠們剛開始出現時，如果在葉片背面灑水，可以達到抑止的效果。另外，如果發現小白紋毒蛾的幼蟲，就要立刻去除。

在葉尖上容易看到焦褐色，老葉容易呈現泛白情況，會導致光合作用難以進行，影響正常生長。

葉蟎類

1 2 3 4 5 6 7 8 9 10 11 12

葉片的色澤變淡，或出現如蜘蛛絲纏繞的情況，那有可能是感染了葉蟎。常見的有神澤氏葉蟎(俗稱紅蜘蛛)、二點葉蟎(俗稱白蜘蛛)、茶葉蟎及赤葉蟎等。繁殖速度很快，一旦孳生太多就會像蜘蛛一樣結出網。主要附著在葉背吸食汁液，葉片會出現白色斑點，斑點過多葉子就會泛白，影響光合作用。鳳仙花、萬壽菊、玫瑰、鹵葉冬青、桂花等都容易受害。

防治法

養成時常觀察葉片背面的習慣，植株間保持適當的間隔，避免密植，以維持良好的通風環境。葉蟎不耐濕氣，所以在牠們剛開始出現時，如果在葉片背面灑水，可以達到抑止的效果。

褐斑病

1 2 3 4 5 6 7 8 9 10 11 12

主要在葉片上會有比較明顯的癥狀，在罹病的部位，會看到像是被油漆隨機噴灑到出現點狀分布，中間是灰的，周圍有黃暈，慢慢擴大後，葉片就會枯萎，這是比較典型的癥狀。蘭花、福祿桐、毬蘭、腎蕨、鳳尾蕨、網紋草、黛粉葉、黃金葛都蠻常見。

小白紋毒蛾

1 2 3 4 5 6 7 8 9 10 11 12

幼蟲會群集在葉片上吸食葉片而造成危害，通常在 4-5 月時是發生的高峰期，除了葉片，牠們也會取食花，以及蔬果類。而葉片被幼蟲啃咬之後，就會出現不規則的孔洞。

防治法

養成時常觀察葉片的習慣，如果發現幼蟲或是蛹，就要立刻抓捕。或者可以使用蘇力菌 + 矽藻素，就可以有效防治。

防治法

防治上面可以用波爾多液，或者是蕈狀芽孢桿菌。最重要就是萬一罹病，一定要把這些殘渣落葉，或者是罹病太嚴重的葉片把它修剪移除掉。使用過的器具一定要做好消毒，避免雨水飛濺，保持通風以及良好的排水。

跟白粉病的防治方法很像，比如礦物油、窄域油這一類的油類來達到防治的效果。

鵝掌藤病蟲害

在台灣常見用來作為綠籬的園藝植栽，如果是斑葉品種會有白、黃色的葉片。種植鵝掌藤所使用的容器，一定要選有孔洞容易排水的為佳，可以先在底部鋪上一層發泡煉石增加其排水性，選用的介質也宜用泥炭土和園土各半進行混合調配。生長期間需經常向葉面灑水，並保持盆土濕潤，在平常就要檢查植株的生長情況，一旦發現葉片出現病蟲害時，就要立刻拔除，避免病蟲害的情況擴散，並且剪除枯死、過密等枝條。

Data

主要病害 炭疽病、白粉病、煤煙病

主要蟲害 介殼蟲、蚜蟲

發生時間 炭疽病從梅雨季一直到秋天颱風來時；介殼蟲好發期從 11 月到隔年的 5 月

主要防治方式

炭疽病的防治：如看到葉片上出現病斑，除了拔除，也要針對重點部位開始噴肉桂油、波爾多液、石灰硫磺合劑等。

介殼蟲的防治：通常會用一些礦物油、窄域油、夏油這類油，以物理性的包覆，就能達到不錯的防治效果。

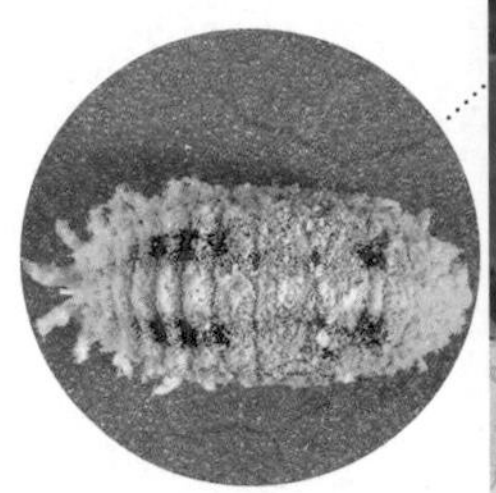

在葉片上容易看到身體呈現扁平橢圓的介殼蟲，像是吹棉介殼蟲、圓盾介殼蟲等等在吸食植物的葉片。

介殼蟲

1 2 3 4 5 6 7 8 9 10 11 12

俗名：龜神、白苔。介殼蟲身體扁平橢圓，種類很多，包括吹棉介殼蟲、圓盾介殼蟲等等，危害大同小異，都會吸食葉片、莖的汁液以及果實。影響光合作用且會造成煤煙病的發生。

防治法

通常會用一些油類，像是礦物油、窄域油、夏油這一類，進行物理性的包覆，把他身上的棉絮、些蟲體的粉弄掉，並把氣孔堵住讓他死掉。都能達到不錯的防治效果，一個禮拜噴灑一次，連續 4 次。另外像是葵無露也不錯。（作法參考 P32）

白粉病

1 2 3 4 5 6 7 8 9 10 11 12

一開始會出現有如麵粉般的白色圓形黴菌，漸漸地，整片葉子都會被黴菌覆蓋而導致新葉變成畸形，植物枯萎。相較大多數好發在高濕環境下的疾病，白粉病最大的特徵是容易發病在雨量少、比較涼爽、乾燥時。

防治法

要避免密植，種植時要保持足夠間距，定期修剪枝葉以確保通風良好。如果有受損的葉片或因染病而掉落的葉片要移除，以免成為感染源。另外，避免施以過量的氮肥。

炭疽病

1 2 3 4 5 6 7 8 9 10 11 12

炭疽病很容易造成葉片上面的危害。還有對於蔬果類的果實也具有一定的傷害性。尤其如果在果實蔓延開來，會影響到收成。對於觀葉植物來說，就會嚴重影響到外觀，甚至會造成植株死亡，在龜背芋、粗勒草也都很常見。

防治法

如果看到葉片上面有炭疽病的病斑出現，就要趕快把他拔除，或者是說看到一點一點的病斑時就針對重點部位開始噴藥來進行防治另外，有機無毒的資材，例如肉桂油、波爾多液、石灰硫磺合劑都可以拿來做使用。

煤煙病

1 2 3 4 5 6 7 8 9 10 11 12

葉片和樹幹的表面長出有如煤渣的黑色黴菌。黴菌很多時會影響到外觀。容易發病的部位葉、枝、幹。容易感染的植物包括厚葉石斑木、山茶花、月桂樹、百日紅、橡膠樹等。

防治法

針對導致發病的蚜蟲、介殼蟲、粉蝨等進行害蟲防疫。剪除發病嚴重的枝葉，回收落葉。日照和通風的情況不佳時，也會造成害蟲變本加厲地孳生，所以必須定期修剪、整枝，做好環境的整頓。

虎尾蘭病蟲害

虎尾蘭又稱為虎皮蘭或千歲蘭，屬於百合科虎尾蘭屬的草本觀葉植物。虎尾蘭非常耐陰，且還是免費的空氣清靜機，能吸收有害氣體，所以非常受歡迎。虎尾蘭的葉片直立、肥厚，一旦被細菌感染，像是軟腐病等等，細菌會從植株的傷口或氣孔等開口處入侵後就會造成植物軟化、腐敗，並且會明顯的在葉子處製造病斑。主要好發在排水性欠佳的土壤，因此所使用的容器，一定要選有孔洞容易排水的為佳，可以在底部鋪上一層發泡煉石來增加排水性，而介質也要以排水性佳的土壤為首選，可以加入適量的珍珠石。

Data

主要病害　軟腐病、炭疽病、莖腐病

主要蟲害　蝸牛

發生時間　全年都要做好防治。

主要防治方式

看到葉片上面有病斑出現，就要趕快拔除且針對重點部位用亞磷酸來增加植物的抗病性，也可以用波爾多液來進行防治。

在蝸牛的防治上，可在植株周圍撒上磷酸鐵類的製劑，便能更容易捕捉到包括蝸牛在內的害蟲。要注意的是避免晚上澆水，以防止夜間出沒的蝸牛入侵。

如果看到葉片上出現褐色，病斑中心出現小黑點，葉片開始枯萎，則有可能是炭疽病的初期病徵。

軟腐病

1 2 3 4 5 6 7 8 9 10 11 12

植物受到感染會造成軟軟爛爛的現象，尤其當環境濕度比較高時，更容易被感染，表現出來的癥狀會從一個小圓點開始，出現水浸狀，並以同心圓的方式向外擴散，整個組織變得水水的。同時因為是細菌感染，所以會有惡臭。

防治法

在梅雨季開始天氣轉熱就要開始做好防護措施。另外，盆栽的盆子裡面不要積水，儘量排水系統要做好，以免根部長期泡在水裡面而導致爛根。另外，施肥時氮肥不可以太多，因為如果氮肥太多，植株會長太快，一旦組織長太快，細胞間就比較鬆散，病害就容易入侵。

炭疽病

1 2 3 4 5 6 7 8 9 10 11 12

炭疽病很容易造成葉片上面的危害。還有對於蔬果類的果實也具有一定的傷害性。尤其如果在果實蔓延開來，會影響到收成。對於觀葉植物來說，就會嚴重影響到外觀，甚至會造成植株死亡，在龜背芋、粗勒草、鵝掌藤也都很常見。

防治法

如果看到葉片上面有炭疽病的病斑出現，就要趕快把他拔除，或者是說看到一點一點的病斑時就針對重點部位開始噴藥來進行防治。另外，有機無毒的資材，例如肉桂油、波爾多液、石灰硫磺合劑都可以拿來做使用。波爾多液的製作方式，請參考 P30。

莖腐病

1 2 3 4 5 6 7 8 9 10 11 12

莖腐病會發生在植株的莖基部，並且從外觀上就能看到葉片從基部開始腐爛，在根部前端和接觸地面的莖部初期會出現浸水般的褐色病斑，不久之後會腐爛。

防治法

看到一點一點的病斑時就針對重點部位開始噴藥，可以用有益微生物，例如木黴菌等，定期的澆灌莖基部。另外，落葉要定期清除乾淨。過於茂密的枝葉必須定期修剪與整枝，以維持通風良好，環境上要避免高濕。

蝸牛

1 2 3 4 5 6 7 8 9 10 11 12

會隱身在盆底、落葉或者石頭底下，所以除了要定時的巡視盆栽底部，如有發現蝸牛就立即消滅外，有落葉時要清理乾淨。

防治法

在植株周圍撒上引矽藻土、鋸木屑、澱粉、石灰等，當蝸牛行經後會附著在體表上，造成體液黏度增加進而影響到行動。另外，含有「皂素」的產品像是苦茶粕也可以有效防治，但使用防治蝸牛資材要注意同樣屬於軟體動物的蚯蚓也會受到傷害。

變葉木病蟲害

台灣常見的變葉木多達20多種，也是常用來作為綠籬的園藝植栽之一，大多數品種在日照充足時葉色才會鮮明。種植上如果發現變葉木的葉片掉落或葉黃，可以先檢查，光照、水分是否充足。在介質上可以選擇較為肥沃的來促進生長。種植變葉木所使用的容器，要有孔洞、容易排水為佳，選用的介質也要以排水性佳為首選。平常就要檢查植株的生長情況，一旦發現葉片出現病蟲害時，就要立刻拔除，避免病蟲害的情況擴散。常見病害為炭疽病、葉斑病；蟲害則有椿象、介殼蟲、蚜蟲、紅蜘蛛、粉蝨、薊馬。

Data

主要病害 炭疽病、煤煙病、黑黴病、葉斑病

主要蟲害 椿象、介殼蟲、蚜蟲、紅蜘蛛、粉蝨、薊馬

發生時間 3月到10月

主要防治方式

如果看到葉片上面出現病斑，除了要趕快拔除外，在看到一點一點的病斑時，就要好好的針對重點部位開始噴藥來進行防治。較容易發生介殼蟲的危害，可將過密的枝葉加以修剪，並噴灑礦物油等藥劑來進行防治。

椿象

1 2 3 4 5 6 7 8 9 10 11 12

當椿象被觸碰到時，常會射出臭液，因此不僅會造成葉片灼傷，一旦接觸到皮膚或眼睛，就有可能引起過敏，且味道奇臭無比。同時因為牠們的種類非常多，而且不論在體型大小上，或者在外觀的紋路或身體顏色都不盡相同。會對植物造成的影響，在於新芽、葉，或者蔬果類的果實，不僅會造成生長遲緩，也有可能導致植株枯死。

防治法

養成隨時觀察植物的習慣。一旦發現幼蟲和成蟲就立刻撲滅。牠們會藏身在落葉底下或雜草地，並且能在這些地方越冬，所以落葉和雜草的清理要徹底執行，不要讓牠們有機會越冬。在其出沒時間，可直接移除，還有檢查葉片上是否有卵片？如果發現，直接摘除即可。

蟲繭

1 2 3 4 5 6 7 8 9 10 11 12

對付任何害蟲，關鍵都是「早期發現、早期防治」，所以當我們發現牠們的蹤跡，不論是產卵中的成蟲、出現在葉片背面和葉子上的幼蟲，甚至是已經成為繭或是蛹，都要立刻將其撲滅，因為如果放任不管，之後牠們破繭而出，就會對葉片造成損傷。

變葉木的種植筆記

變葉木是台灣庭園常見的常綠灌木

變葉木為在台灣是庭園很常見的植株之一，屬於常綠灌木。市面上的變葉木品種也非常多，包括：龜甲變葉木、圓龜甲變葉木、琴葉變葉木、黃琴葉變葉木、金剛琴葉變葉木、靚彩變葉木、旭日變葉木、彩鑽變葉木金鑽變葉木、黃金變葉木、鳳凰變葉木、灑金變葉木、相思變葉木等等。

屬於大戟科的變葉木，可說是最常見的庭園或公園觀葉植物，不同的品種，其葉色會隨著光照而產生變化，更能營造出繽紛多彩的美麗景象。種植時，適合在光線明亮的環境，同時，只要適度的給水與施肥，就能種植成功，栽種上並不困難。

彩鑽變葉木

灑金變葉木

防治法

蟲繭很容易消滅，可以直接將其摘除是最方便的解決方式。另外，牠們會藏身在落葉底下或雜草地，所以養成隨時觀察植物的習慣，一旦發現幼蟲和成蟲就立刻撲滅。

彩虹竹芋病蟲害

彩虹竹芋有著漂亮的紫紅色葉片。種植時要避免陽光直射，以免造成葉面灼傷。在介質的選擇上，需要疏鬆且肥沃的土壤。平常就要多多檢查植株的生長情況，當發現葉片出現病蟲害時，就要進行剪除，避免病蟲害的情況擴散。而彩虹竹芋常見的病蟲害包括：葉斑病、褐斑病等。除了病害之外，若出現下部葉片變黃脫落的情況，有可能是因為水肥不足所導致。

Data

主要病害 褐斑病、葉枯病

發生時間 褐斑病從梅雨季一直到秋天颱風來時

主要防治方式

褐斑病防治可以用波爾多液，或者是蕈狀芽孢桿菌。罹病太嚴重的葉片要修剪移除

褐斑病

1 2 3 4 **5 6 7 8 9** 10 11 12

主要在葉片上會有比較明顯的癥狀，在罹病的部位，會看到像是被油漆隨機噴灑到出現點狀分布，中間是灰的，周圍有黃暈，慢慢擴大後，葉片就會枯萎，這是比較典型的癥狀。蘭花、福祿桐、毬蘭、腎蕨、鳳尾蕨、網紋草、黛粉葉、黃金葛都蠻常見。

防治法

防治上面可以用波爾多液，或者是蕈狀芽孢桿菌。最重要就是萬一罹病，一定要把這些殘渣落葉，或者是罹病太嚴重的葉片把它修剪移除掉。所使用的器具一定要做好消毒，避免雨水飛濺，保持通風以及良好的遮雨。

馬拉巴栗 病蟲害

馬拉巴栗在園藝植物裡非常常見，除了盆栽種植外，也可以用水耕來種植。如果是盆栽種植，土壤以偏酸性為佳，需要每週澆一次水澆到透，讓盆底流出多餘的水。在病蟲害上，容易罹患炭疽病，而炭疽病跟早疫病非常像，炭疽病是一個輪紋，外面不會變成淡黃色。此外，炭疽病呈現出深褐色，且很容易造成葉片的危害，好發的時間在梅雨季高溫多濕的環境之下就容易發生。

Data

主要病害 炭疽病、疫病、根腐病、褐斑病、細菌性斑點

發生時間 從梅雨季一直到秋天

主要防治方式

如果看到葉片上面有炭疽病的病斑出現，就要趕快把他拔除，或者是說看到一點一點的病斑時就針對重點部位開始噴藥來進行防治。因為在高溫多濕的情況下會傳播，所以下雨天病害發生的嚴重程度會提高很多。若能有一個遮雨設施會比較好。另外，使用有機無毒的資材，例如肉桂油、波爾多液、石灰硫磺合劑都可以。

炭疽病

1 2 3 4 5 6 7 8 9 10 11 12

炭疽病很容易造成葉片上面的危害。還有對於蔬果類的果實也具有一定的傷害性。尤其如果在果實蔓延開來，會影響到收成。對於觀葉植物來說，就會嚴重影響到外觀，甚至會造成植株死亡，在龜背芋、粗勒草、鵝掌藤也都很常見。

防治法

如果看到葉片上面有炭疽病的病斑出現，就要趕快把他拔除，或者是說看到病斑時就針對重點部位開始噴藥來進行防治。另外，使用有機無毒的資材，例如肉桂油、波爾多液、石灰硫磺合劑都可以。

合果芋病蟲害

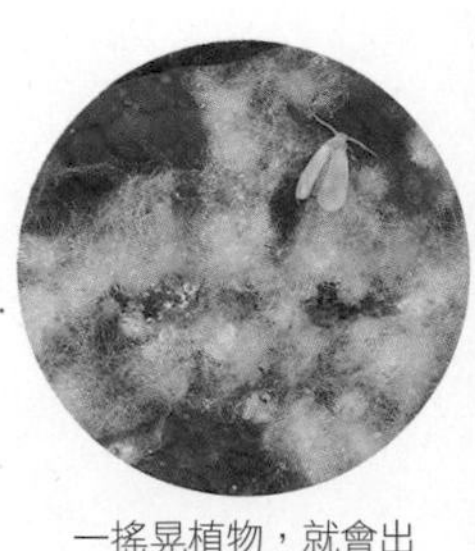

一搖晃植物，就會出現如粉塵般揚起的粉蝨。成蟲和幼蟲都會待在葉片背面吸食汁液。

光照充足的環境最適合其生長，不過要避免陽光直射，以免灼傷葉片。如果放室內，也最好將其放在窗邊明亮處。盆栽合果芋的介質，以肥沃、疏鬆和排水良好的砂質土最佳，所以可以將腐葉土、泥炭土和粗沙混合後進行種植。給水上必須充分澆水，保持盆土濕潤。合果芋最常見葉斑病、細菌性葉枯病，以及灰黴病等病害，蟲害則以粉蝨、薊馬的危害居多，可以使用波爾多液噴灑預防。

Data

主要病害 葉枯病、萎凋病

主要蟲害 粉蝨

發生時間 葉枯病從梅雨季一直到秋天颱風來時；介殼蟲好發期從 11 月到隔年的 5 月

主要防治方式

葉枯病防治可以用波爾多液，或者是蕈狀芽孢桿菌。罹病太嚴重的葉片要修剪移除。粉蝨的防治，通常會用一些礦物油、窄域油、夏油，以物理性的包覆將蟲身上的棉絮或粉弄掉，將蟲的氣孔堵住讓牠死掉，就能達到不錯的防治效果。波爾多液的製作方式，請參考 P30。

葉枯病

1 2 3 4 5 6 7 8 9 10 11 12

葉枯病病徵初期為水浸狀，主要為害於葉、柄。一旦葉片受害，會產生褐色小斑，隨後形成淡黃褐色的壞疽病斑，之後會逐漸擴大成不規則病斑，表面會呈現淡褐色，在葉片的反面，則呈現出紅褐色甚至是黑色，在邊緣可以明顯觀察到黃色暈環。當嚴重發病時，病斑會布滿整個葉面，直到植株枯死。

防治法

防治上面可以用波爾多液，或者是蕈狀芽孢桿菌。最重要就是萬一罹病，一定要把這些殘渣落葉，或者是罹病太嚴重的葉片把它修剪移除掉。

狐尾武竹 病蟲害

如果看到葉片變黃，要先檢查是否有水分問題。在夏天要進行噴水來保持葉片的溼潤度。

又稱為狐狸尾或狐尾竹，因植株的形狀與狐狸長長的尾巴神似而得名。不論種在花槽還是壁盆，都有很好的視覺效果。

種植時的介質，適宜在疏鬆、肥沃，且排水透氣性良好的土壤，因此所使用的容器一定要有孔洞容易排水。可以預先在底部鋪上一層發泡煉石來增加排水性，介質選擇上也要以排水性佳的土壤為首選，可以加入珍珠石。

狐尾武竹屬於耐旱型，生長期期要充分澆水，但要避免土壤過溼，而導致根系腐爛，在夏天則要進行噴水來保持葉片溼潤，避免葉片變黃脫落。

Data

主要病害 莖腐病、軟腐病

主要蟲害 蝸牛

發生時間 全年都要做好防治。

主要防治方式

看到葉片上面有病斑出現，就要趕快拔除且針對重點部位用亞磷酸來增加植物的抗性。亞磷酸是指：亞磷酸＋氫氧化鉀（重量 1:1），先將亞磷酸溶於水（稀釋 1000 倍的比例）中，再加入以水稀釋 1000 倍的氫氧化鉀（順序不可顛倒）。

莖腐病

1 2 3 4 5 6 7 8 9 10 11 12

莖腐病會發生在植株的莖基部，並且從外觀上就能看到葉片從基部開始腐爛，在根部前端和接觸地面的莖部會出現褐色病斑，不久之後會腐爛。

防治法

如果看到莖基部有病斑出現，就要趕快拔除，或是說看到一點一點的病斑時就針對重點部位開始噴藥，可以用有益微生物，例如木黴菌等，定期的澆灌莖基部。另外，落葉要定期清除乾淨。過於茂密的枝葉必須定期修剪與整枝，以維持通風良好，環境上要避免高濕。

波士頓蕨病蟲害

蕨類植物大多喜歡濕潤土壤以及空氣濕度較高的環境，波士頓蕨也是一樣。尤其在春、秋兩季，更需要充分澆水，讓盆土保持濕潤，不然會導致葉片枯黃而產生脫落的情形。如果是在炎熱的夏季，除了每天澆水外，還需要另外進行噴水來保持葉片的濕度。另外以懸掛栽培的方式，空氣濕度若不夠，葉片也容易出現捲邊、焦枯的情況。至於病蟲害，波士頓蕨類稍微比較多一點，像是粉介殼蟲、蚜蟲、紅蜘蛛、薊馬、蝸牛，還有蛞蝓這類蟲害。病害的部分就是疫病、根腐病、葉斑病、灰黴病、銹病、白粉病等等，都會影響其生長。

Data

主要病害 疫病、根腐病、葉斑病、灰黴病、銹病、白粉病

主要蟲害 粉介殼蟲、蚜蟲、紅蜘蛛、薊馬、蝸牛、蛞蝓

發生時間 3月到10月

主要防治方式

如果看到葉片上面出現病斑，除了要趕快拔除外，在看到病斑時，就要好好的針對重點部位開始噴藥來進行防治。較容易發生介殼蟲的危害，發現時應立即刮掉或剔除，並且將過密的枝葉加以修剪，並噴灑礦物油等藥劑來進行防治。

葉枯病

1 2 3 4 5 6 7 8 9 10 11 12

從葉尖長出往底部逐漸擴散的淡褐色病斑，不久轉為灰白色。症狀和褐斑病類似，不同之處是會在初夏落葉。切除發病的葉片。病斑部分如果擴大時，葉片會紛紛掉落，落葉也要清除乾淨。過於茂密的枝葉必須定期修剪與整枝，以維持通風良好。

防治法

如果看到葉片上面有病斑出現，就要趕快拔除，或是看到病斑時就針對重點部位開始噴藥，例如波爾多液等來進行防治。另外，一開始選用健康的植栽，環境上要避免高濕，也要注意通風的問題。波爾多液的製作方式，請參考 P30。

蕨類的種植筆記

台灣可說是「蕨類王國」！

你知道嗎？全世界的蕨類植物一共有 39 科，大約有一萬種左右的品種，而在台灣蕨類的數量就有 34 科，且高達 650 多種，所以說是蕨類王國，一點都不誇張。其中，我們最常見到的像是烏毛蕨科、鐵角蕨科、腎蕨科、鹿角蕨科、 尾蕨科、金星蕨科、卷柏科、書帶蕨科等等。

波士頓蕨除了在夏天比較容易因氣溫過高葉子容易出現泛黃外，其他季節都可以看到滿滿一盆的翠綠。所以說起來，他對環境的需求算是非常基本的。只要有充足的光線、適合的水量，就能輕鬆種好。而波士頓蕨的另一種品種，菜片是羽狀複葉的細葉波士頓蕨，在視覺上給人的感覺則為細緻空靈，也是非常受到歡迎的品種之一。

黃金瀑布蕨則是近幾年新崛起的市場寵兒，比起一般的蕨類，在顏色上他少了一些翠綠，多了一份金黃，因此在視覺上，完全自帶一份清涼感。

鹿角蕨也是最近幾年竄起的熱門植物。在各式各樣的展場，很多都以鹿角蕨做為主打商品來吸引愛好者，除了植物本身，各式各樣的周邊商品或服務，比如鹿角蕨的上板材料、現場 DIY 上板教學等等，都是讓人搶購駐足的點。

細葉波士頓蕨

黃金瀑布蕨

鹿角蕨

黃金葛病蟲害

黃金葛在園藝植物裡可說很常見，除了土培之外，也可以用水耕的方式進行種植。介質可以選擇透氣且疏鬆的基質，例如選擇將腐葉土：泥炭土：珍珠岩以2：2：1的方式來進行調配。換土前，最好能將介質放在太陽下曝曬來進行消毒，比較能避免土壤因病菌而引起植物感染。黃金葛如果被細菌感染，像是軟腐病等等，細菌會從植株的傷口或氣孔等開口處入侵後就會造成植物軟化、腐敗，並且會明顯的在葉子處製造病斑。

Data

主要病害 軟腐病、炭疽病、莖腐病

主要蟲害 蝸牛

發生時間 全年都要做好防治。

主要防治方式

看到葉片上面有病斑出現，就要趕快拔除且針對重點部位用亞磷酸來增加植物的抗性，也可以用波爾多液來進行防治。

亞磷酸是指：亞磷酸 + 氫氧化鉀亞（重量 1:1），先將亞磷酸溶於水（稀釋 1000 倍的比例）中，再加入以水稀釋 1000 倍的氫氧化鉀（順序不可顛倒）

如果看到葉片上出現褐色，病斑中心出現小黑點，甚至葉片開始枯萎，或出現坍塌，都是病徵的表現。

軟腐病

1 2 3 4 5 6 7 8 9 10 11 12

植物受到感染會造成軟軟爛爛的現象，尤其當環境濕度比較高時，更容易被感染，表現出來的癥狀會從一個小圓點開始，出現水浸狀，並以同心圓的方式向外擴散，整個組織變得水水的。同時因為是細菌感染，所以會有惡臭。

防治法

大概從 4-5 月就要開始做好防護措施。另外，盆栽的盆子裡面不要積水，儘量排水系統要做好，以免根部長期泡在水裡面而導致爛根。另外，施肥時氮肥不可以太多，因為氮肥過量會促進葉片長太快導致組織不夠堅硬，蟲很容易去吃。

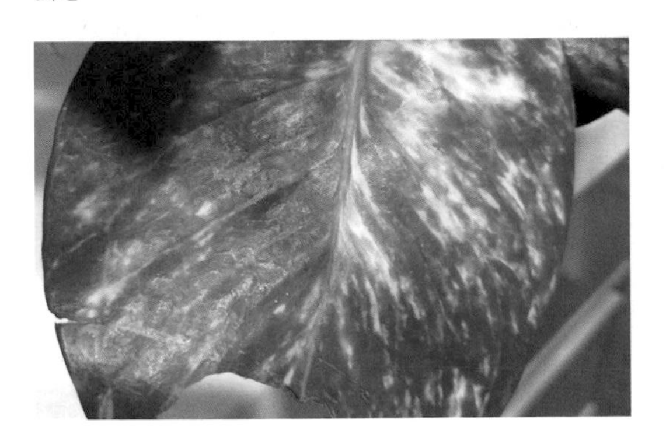

煤煙病

1 2 3 4 5 6 7 8 9 10 11 12

葉片的表面長出有如煤渣的黑色黴菌。黴菌很多時會影響到外觀。容易發病的部位葉、枝、幹，而容易感染的植物包括厚葉石斑木、山茶花、月桂樹、百日紅、橡膠樹等。

防治法

針對導致發病的蚜蟲、介殼蟲、粉蝨等進行害蟲防疫。剪除發病嚴重的枝葉，回收落葉。日照和通風的情況不佳時，也會造成害蟲變本加厲地孳生，所以必須定期修剪、整枝，做好環境的整頓。

炭疽病

1 2 3 4 5 6 7 8 9 10 11 12

炭疽病很容易造成葉片上面的危害。還有對於果實也具有一定的傷害性。尤其如果在果實蔓延開來，會影響到收成。對於觀葉植物來說，則會嚴重影響到外觀，甚至會造成植株死亡，在龜背芋、粗勒草、鵝掌藤也都很常見。

防治法

如果看到葉片上面有炭疽病的病斑出現，就要趕快把他拔除，或者看到病斑時，就針對重點部位開始噴藥來進行防治。另外，使用有機無毒的資材，例如肉桂油、波爾多液、石灰硫磺合劑都可以。

關於波爾多液

波爾多液在寒冷、潮濕的環境下，沒有辦法蒸散，退去的時間會比較慢，另外因為它有加硫酸銅，所以在葉片類上比較容易引起藥害。所以除非一些有機的製劑沒有辦法防治，再來使用，（p.s. 高溫下所有藥劑都要避免噴）。

粗勒草 病蟲害

粗勒草一般常見的病害像是粉介殼蟲、圓盾介殼蟲、薊馬這一類的。紅蜘蛛也會有，但比較少見到。發生病害，以疫病、根腐病、葉枯病、銹病、灰黴病居多。所以平常就要檢查植株的生長情況，一旦發現葉片出現病蟲害，就要趕緊拔除，避免病蟲害的情況擴散。尤其疫病的感染力很強，很多的植株都有感染的可能。而且此傳染病會造成嚴重的損傷，所以要提高警覺。如果莖部受到感染，那麼枯萎的情況會從患部往上延伸。如果是從土壤入侵的話，整株植物會出現倒伏與枯萎的情況。可以用波爾多液，或者在種植時的土團上，放入一些木霉菌進去。

Data

主要病害 疫病、葉枯病

主要蟲害 蚜蟲

發生時間 全年都要做好防治。尤其在高溫多濕的情況下會傳播。

主要防治方式

全年都要做好防治。要避開容易爆發的時間點進行栽種。因為在高溫多濕的環境下會傳播，尤其下雨天病害發生的嚴重程度會提高很多。如果看到葉片上面有病斑出現，就要趕快拔除，或者出現病斑時要針對重點部位開始噴藥來進行防治，可以用亞磷酸來增加植物的抗性。亞磷酸是指：亞磷酸 + 氫氧化鉀亞（重量 1:1），先將亞磷酸溶於水（稀釋 1000 倍的比例）中，再加入以水稀釋 1000 倍的氫氧化鉀（順序不可顛倒）

除了容易看到初期在葉片引起水浸狀外，最後整片葉子容易出現逐漸擴大為黃色的樣子。

疫病

1 2 3 4 5 6 7 8 9 10 11 12

罹病的狀況，最典型就是葉片上會有一些水浸狀，不規則的病斑出現，且組織會比較軟爛，會有一些菌絲跑出來。莖基部也會有，出現褐色病斑，一旦感染，會皺縮導致植物就沒辦法吸收水分而死亡。蘭花、常春藤、扶桑、海豚花、夏堇、瑪格莉特菊都容易感染。

防治法

基本上全年都可以發病。但是以夏天跟秋天會比較嚴重。相對濕度比較高一點的時候，尤其進入颱風季節，會更容易爆發。所以全年都要做好防治。尤其在高溫多濕的情況下會傳播。另外，看到葉片上面有病斑出現，就要趕快拔除且針對重點部位用亞磷酸來增加植物的抗性。也可以用波爾多液來進行防治。波爾多液的製作方式，請參考P30。

看到葉片上面有病斑出現，就要趕快拔除，或者是說看到一點一點的病斑時就針對重點部位開始噴藥進行防治。

還有，土壤裡面可以放一些木霉菌進去。在種植時，在苗的土團上可以沾一些，或者是要種植的區域，把放木霉菌下去，也很有效果。除了疫病，其他如根腐病、白絹病、菌核病或根瘤病灰黴病、及炭疽病也具有同樣效果。

葉枯病

1 2 3 4 5 6 7 8 9 10 11 12

從葉尖長出往底部逐漸擴散的淡褐色病斑，不久轉為灰白色。症狀和褐斑病類似，不同之處是會在初夏落葉。病斑部分如果擴大時，葉片會紛紛掉落，落葉也要清除乾淨。過於茂密的枝葉必須定期修剪與整枝。

防治法

如果看到葉片上面有病斑出現，就要趕快拔除，或是說看到病斑時就針對重點部位開始噴藥，例如波爾多液等來進行防治。另外，一開始選用健康的植栽，環境上要避免高濕，也要注意通風的問題。

蚜蟲類

1 2 3 4 5 6 7 8 9 10 11 12

蚜蟲不只會吸食植物的汁液，其排泄物也會引誘螞蟻靠近，還會成為嵌紋病等病毒性疾病的媒介。黏稠的排泄物會成為黴菌的養分而導致煤煙病的發生機率。

防治法

比起蟎類，蚜蟲是比較容易發現的害蟲，其繁殖速度很快，因此只要看到就要立刻消滅。此外，要避免添加過量的氮肥，因為氮肥過量會促進葉片長太快導致組織不夠堅硬，蟲很容易去吃。

巴西鐵樹病蟲害

巴西鐵樹的介質以微酸性的土壤為宜，如果土質偏鹼，容易出現葉子發黃的情況，所以平常就要檢查植株的生長環境，一旦發現葉片出現病蟲害時，就要趕緊拔除，避免病蟲害的情況擴散。而巴西鐵樹常見的病蟲害包括：葉斑病、褐斑病、細菌性斑點、炭疽病、葉枯病、蚜蟲、介殼蟲、葉蟎等。

除了病蟲害之外，比較常見是出現下部葉片出現變黃脫落，有可能是因為水肥不足所導致。另外，如果葉片出現褪色，可以先檢查水分或光照是否足夠，要適當給水，還要放到室內明亮處來獲得改善。

Data

主要病害 葉斑病、褐斑病、細菌性斑點、炭疽病、葉枯病

主要蟲害 介殼蟲、葉蟎、蚜蟲

發生時間 褐斑病從梅雨季一直到秋天颱風來時；而介殼蟲好發期從 11 月到隔年的 5 月

主要防治方式

褐斑病防治可以用波爾多液，或者是蕈狀芽孢桿菌。罹病太嚴重的葉片要修剪移除。介殼蟲的防治，通常會用一些礦物油、窄域油、夏油這類油，以物理性的包覆將蟲身上的棉絮或粉弄掉，將蟲的氣孔堵住讓牠死掉，就能達到不錯的防治效果。

如果看到葉片上面有炭疽病的病斑出現，就要趕快把他剪除，或是看到一點一點的病斑時就針對重點部位開始噴藥進行防治。

炭疽病

1 2 3 4 5 6 7 8 9 10 11 12

炭疽病很容易造成葉片上面的危害。對於觀葉植物來說，就會嚴重影響到外觀，甚至會造成植株死亡，除了葉片，對於果實也具有一定的傷害性。在其他觀葉植物，例如龜背芋、粗勒草、鵝掌藤等也都很常發生。

防治法

如果看到葉片上面有炭疽病的病斑出現，就要趕快把他拔除，或者是說看到一點一點的病斑時就針對重點部位開始噴藥來進行防治。另外，使用有機無毒的資材，例如肉桂油、波爾多液、石灰硫磺合劑都可以拿來做使用。波爾多液的製作方式，請參考 P30。

葉蟎類

1 2 3 4 5 6 7 8 9 10 11 12

葉片的色澤變淡，或出現如蜘蛛絲纏繞的情況，有可能是感染了葉蟎。常見的有神澤氏葉蟎（俗稱紅蜘蛛）、二點葉蟎（俗稱白蜘蛛）、茶葉蟎及赤葉蟎等，因繁殖速度很快，一旦孳生太多就會像蜘蛛一樣結出網。主要附著在葉背吸食汁液，葉片會出現白色斑點，斑點過多葉子就會泛白，影響光合作用，全部枯黃。鳳仙花、萬壽菊、玫瑰、齒葉冬青、桂花等都容易受害。

防治法

養成時常觀察葉片背面的習慣，植株間保持適當的間隔，避免密植，以維持良好的通風環境。葉蟎不耐濕氣，所以在牠們剛開始出現時，如果在葉片背面灑水，可以達到抑制的效果。

疫病

1 2 3 4 5 6 7 8 9 10 11 12

罹病的狀況，最典型就是葉片上會有一些水浸狀，不規則的病斑出現，且組織會比較軟爛、有一些菌絲跑出來。莖基部也會有，出現褐色病斑，一旦感染，會皺縮導致植物沒辦法吸收水分而死亡。蘭花、常春藤、扶桑、海豚花、夏菫、瑪格莉特菊都容易感染。

防治法

全年都要做好防治。看到葉片上面有病斑出現，就要趕快拔除且針對重點部位用亞磷酸來增加植物的抗性。亞磷酸是指：亞磷酸 + 氫氧化鉀亞（重量 1:1），先將亞磷酸溶於水（稀釋 1000 倍的比例）中，再加入以水稀釋 1000 倍的氫氧化鉀（順序不可顛倒）。

朱蕉
病蟲害

朱蕉發生炭疽病的機率很高，尤其在高溫高濕、通風不良的環境。炭疽病初期會危害植株葉部導致斑紋發生，到了後期則逐漸形成斑團。所以平常就要檢查植株的生長環境，一旦發現葉片出現病蟲害時，就要趕緊剪除，避免病蟲害的情況擴散。而朱蕉常見的病蟲害包括：葉斑病、褐斑病、炭疽病、葉枯病、葉蟎等等。除了病蟲害之外，比較常見是出現下部葉片出現變黃脫落，有可能是因為水肥不足所導致。另外，如果葉片出現褪色，可以先檢查水分或光照是否足夠，要適當給水，還要放到室內明亮處來獲得改善。

Data

主要病害 炭疽病、葉斑病、褐斑病、細菌性斑點、葉枯病

主要蟲害 葉蟎

發生時間 褐斑病從梅雨季一直到秋天颱風來時；而介殼蟲好發期從 11 月到隔年的 5 月

主要防治方式

罹病太嚴重的葉片要修剪移除。介殼蟲的防治，通常會用一些礦物油、窄域油、夏油這類油，以物理性的包覆將蟲身上的棉絮或粉弄掉，將蟲的氣孔堵住讓牠死掉，就能達到不錯的防治效果。褐斑病防治可以用波爾多液，或是蕈狀芽孢桿菌。

如果看到葉片上面有被蟲咬過的痕跡，就要趕快將其剪除，或是看到一點一點的病斑時就針對重點部位開始噴藥進行防治。

炭疽病

1 2 3 4 5 6 7 8 9 10 11 12

炭疽病很容易造成葉片上面的危害。對於觀葉植物來說，就會嚴重影響到外觀，甚至會造成植株死亡，除了葉片，對於果實也具有一定的傷害性。在其他觀葉植物，例如龜背芋、粗勒草、鵝掌藤等也都很發生。

防治法

如果看到葉片上面有炭疽病的病斑出現，就要趕快剪除，看到病斑時就針對重點部位開始噴藥來進行防治。另外，使用有機無毒的資材，例如肉桂油、波爾多液、石灰硫磺合劑都可以。波爾多液的製作方式，請參考 P30。

葉枯病

1 2 3 4 5 6 7 8 9 10 11 12

葉枯病主要為害於葉、柄。一旦葉片受害，會產生褐色小斑，之後會逐漸擴大成不規則病斑，表面會呈現淡褐色，在葉片的反面，則呈現出紅褐色甚至是黑色，在邊緣可以明顯觀察到黃色暈環。當嚴重發病時病斑會布滿整個葉面，直到植株枯死。

防治法

防治上面可以用肉桂油、波爾多液、石灰硫磺合劑等等。所使用的器具一定要做好消毒，避免雨水飛濺，保持通風以及良好的排水。

葉斑病

1 2 3 4 5 6 7 8 9 10 11 12

葉斑病主要是危害葉片，在發病初期，葉片表面會出現圓形褐色的水浸狀小斑，之後會擴大為不規則的斑狀，等到罹病嚴重，整個病斑匯集在一起，葉片就會出現局部性的乾枯。

防治法

萬一罹病，一定要把殘渣落葉，或者是罹病太嚴重的葉片把它修剪移除掉。所使用的器具一定要做好消毒，避免雨水飛濺，保持通風以及良好的排水。防治上面可以用波爾多液，或者是蕈狀芽孢桿菌。

褐斑病

1 2 3 4 5 6 7 8 9 10 11 12

主要在葉片上會有比較明顯的癥狀，在罹病的部位，會看到像是被油漆隨機噴灑到出現點狀分布，中間是灰的，周圍有黃暈，慢慢擴大後，葉片就會枯萎，蘭花、福祿桐、毬蘭、腎蕨、鳳尾蕨、網紋草、黃金葛都蠻常見。

防治法

防治上面可以用波爾多液，或者是蕈狀芽孢桿菌。最重要就是萬一罹病，一定要把這些殘渣落葉，或者是罹病太嚴重的葉片把它修剪移除掉。波爾多液的製作方式，請參考 P30。

到手香病蟲害

到手香常見的病蟲害包括：煤煙病、疫病、炭疽病、介殼蟲等。尤其是煤煙病，其癥狀就是在葉片或枝條上覆蓋了一層類似煤煙的黑色黴狀物，它是黴菌跟蚜蟲、介殼蟲、木蝨等只要是會分泌蜜露的昆蟲，就很容易形成共生。種植到手香所使用的容器，一定要選有孔洞容易排水的為佳，可以在底部鋪上一層發泡煉石來增加排水性，介質也要以排水性佳的土壤為首選，可以加入珍珠石。平常就要檢查植株的生長情況，一旦發現葉片出現病蟲害時，就要趕緊剪除，避免病蟲害的情況擴散。

Data

主要病害 煤煙病、疫病、炭疽病

主要蟲害 介殼蟲

發生時間 全年都要做好防治。尤其在高溫多濕的情況下會傳播。

主要防治方式

煤煙病的防治，基本上不外乎是使用油類，窄域油、葵無露、礦物油、精油類、碳酸氫鈉（就是我們所謂小蘇打）都可以用來防止煤煙病，效果都是蠻好的。

除了能看到病斑的擴展，在葉片上也非常容易察覺到被蟲啃咬的情況發生。

煤煙病

1 2 3 4 5 6 7 8 9 10 11 12

煤煙病一年四季都會發生，且主要會跟蟲害一起發生，尤其是蟲害多的時候，基本上在植株上應該都可以看到煤煙病的蹤跡。它的癥狀就是在葉片上面或枝條上面覆蓋了一層類似煤煙的黑色黴狀物，它是黴菌跟蚜蟲、介殼蟲、木蝨等只要是會分泌蜜露的昆蟲，都容易出現共生現象。危害的種類很多，比如羅漢松、台灣欒樹，以及果樹類，像是柑橘、芭樂、番茄、草莓等等。

防治法

一年四季都要防治。他跟蟲類的關係很密切，所以要防止這個病害之前，一定要先除蟲。另外也可以用三元硫酸銅，稀釋 800 倍以後來殺菌。油類，就依包裝上的說明就可以。比較特別，比如小蘇打，可以用水稀釋大概 300 倍直接噴在比較嚴重的部位，大概一個禮拜噴一次，連續三 3-4 次，就能看到效果。

疫病

1 2 3 4 5 6 7 8 9 10 11 12

罹病的狀況，最典型就是葉片上會有一些水浸狀，不規則的病斑出現，且組織會比較軟爛，會有一些菌絲跑出來。莖基部也會有，出現褐色病斑，一旦感染，會皺縮導致植物沒辦法吸收水分而死亡。蘭花、常春藤、扶桑、海豚花、夏菫、瑪格莉特菊都容易感染。

防治法

全年都要做好防治。尤其在高溫多濕的情況下會傳播。另外，看到葉片上面有病斑出現，就要趕快拔除且針對重點部位用亞磷酸來增加植物的抗性。也可以用波爾多液來進行防治。（作法請參考 P30）

負蝗

1 2 3 4 5 6 7 8 9 10 11 12

負蝗又稱為尖頭蚱蜢，隨著發育成長，食量會增加。如果數量很多時，葉子會被啃得一乾二淨。或導致植物葉片產生許多不規則的洞痕。一般來說，蝗蟲比較擅長跳躍，也因為具有極佳的保護色，所以藏在葉片中，並不容易被發現。

防治法

成蟲和幼蟲都會啃食葉片。幼蟲大約在 8 月左右會長為成蟲，食量也隨著成長而增加，所以受害程度會大幅增加。養成隨時觀察的習慣，只要發現害蟲的蹤影，立刻撲殺。

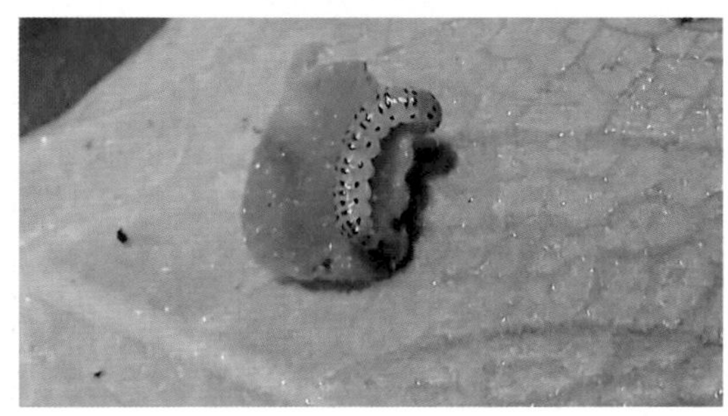

葉蜂

1 2 3 4 5 6 7 8 9 10 11 12

主要是以葉蜂類幼蟲為主。他以大顎取食植物的葉子，造成葉子有圓弧狀的缺口，常見的有樟葉蜂及杜鵑葉蜂。葉蜂科幼蟲危害的時期非常短暫，在台灣普遍危害時間大約是 3-5 月。

防治法

幼蟲孵化後都常會開始從葉片邊緣開始啃咬，爆發時可以吃光葉片，僅留葉脈。建議一旦發現，就用夾子將其夾除。並且將受害部位的葉子修剪掉即可，無需另外其他的防治措施。

散尾葵病蟲害

平常就要檢查植株的生長情況，一旦發現葉片出現病蟲害時，就要趕緊剪除，以免病蟲害擴散。而散尾葵常見的病蟲害包括：葉斑病、褐斑病、細菌性斑點、炭疽病、葉蟎等。

除了病蟲害之外，容易在葉片看到水浸狀的病徵，或者在莖部也能看到逐漸擴大為水浸狀的病斑，必須經常檢查。散尾葵栽種時間越長，容易過密，所以要定期修剪或是分株，促進通風。

Data

主要病害　菌核病、葉斑病、細菌性斑點、葉枯病

發生時間　菌核病比較喜歡冷涼，所以入冬以後到春天這段期間，容易發生。尤其是下雨的時候，發生得更快更嚴重。其他容易感染的植物包括：菊科、向日葵。蔬菜類則有茄子、辣椒、番茄、甘藍、小白菜、萵苣、花椰菜等

主要防治方式

種植前土壤要先進行消毒。或是把介質泡在水裡面，一天甚至是一個禮拜，再拿出來曝曬太陽或直接用鍋炒過，達到土壤消毒的目的。

當葉片出現部分發黃時，一定要趕快進行檢查，是否出現斑狀，否則等到罹病嚴重，整個病斑匯集在一起，就會出現乾枯的情形。

瘋美食・玩廚房・品滋味・樂生活 尋找專屬自己的味覺所在
追時尚・學穿搭・漸健美・愛瘦身 打造理想中的魅力自我

好書出版・精銳盡出
台灣廣廈國際書版集團 Taiwan Mansion Cultural & Creative
BOOK GUIDE
2023 生活情報・春季號 01

知・識・力・量・大

美藝學苑

＊書籍定價以書本封底條碼為準

地址：中和區中山路2段359巷7號2樓
電話：02-2225-5777*310；105
傳真：02-2225-8052
E-mail：TaiwanMansion@booknews.com.tw
總代理：知遠文化事業有限公司
郵政劃撥：18788328
戶名：台灣廣廈有聲圖書有限公司

自癒力・享健康・不老化・遠疾病 天天打造驚人的自癒奇蹟
樂育兒・好教養・綠手指・養寵物 日常生活中的幸福時光
探心理・玩耍力・知識力・輕科普 創造屬於自己的美好生活

…是被油漆隨機噴灑到的樣子，…會慢慢的擴大，再變成不太規…部的病斑都連在一起，然後葉…萎。除了在葉片上面，在莖幹

…間要做好預防的措施。基本上

…草、黛粉葉、黃金葛、常春藤、…。
…黃金葛之類。

…殘渣落葉，或者是罹病太嚴重的葉片…的排水。

…爛，產生白色的菌絲，最後它…常多，且傳染性高，一下雨就…滴灌而不要用灑水的方式，因…植株，也要立刻清除。這個菌…時候，發生得更快更嚴重。

冬季就要開始進行預防了。主要就是因為這個菌也會在土壤裡，如果菌核掉土壤裡，等到天氣較冷時，就會發作。因此如果要再種植，土壤就要先進行消毒。或是說把介質泡在水裡面，等到裡面的菌被淹死後，再拿出來曝曬太陽。
另外，可以用一些微生物的防治，主要是土壤傳播的病害，不管是細菌類還是真菌類，都可以使用木黴菌來進行防治，作法是將木黴菌拌在土壤裡面後再進行種植，效果會非常好。

福祿桐病蟲害

如果看到葉片上面出現一大片的病斑，就要趕快將其剪除，以免染病情況擴散開來。

在高溫高濕、通風不良的環境下，福祿桐發生炭疽病的機率非常高。尤其發病初期時，會危害植株葉片導致斑紋發生，到了後期則逐漸形成斑團，而影響其美觀。所以平常就要檢查植株的生長環境，一旦發現葉片出現病蟲害時，就要剪除，避免病蟲害的情況擴散。而福祿桐常見的病蟲害包括：炭疽病、葉斑病、葉蟎等等。除了病蟲害之外，比較常見是出現下部葉片出現變黃脫落，有可能是因為水肥不足所導致。另外，如果葉片出現褪色，可以先檢查水分或光照是否足夠，要適當給水，還要放到室內明亮處來獲得改善。

Data

主要病害	炭疽病、葉斑病、細菌性斑點
主要蟲害	葉蟎
發生時間	褐斑病從梅雨季一直到秋天颱風來時；而介殼蟲好發期從11月到隔年的5月

主要防治方式

它在高溫多濕的情況下容易傳播，所以下雨天病害發生的嚴重程度會提高很多，因此若能有一個遮雨設施會更好。另外，使用有機無毒的資材，例如肉桂油、波爾多液、石灰硫磺合劑都可以拿來使用。

炭疽病

1 2 3 4 5 **6 7 8 9** 10 11 12

炭疽病很容易造成葉片上面的危害。對於觀葉植物來說，就會嚴重影響到外觀，甚至會造成植株死亡，除了葉片，對於果實也具有一定的傷害性。在其他觀葉植物，例如龜背芋、粗勒草、鵝掌藤等也都很發生。

防治法

如果看到葉片上面有炭疽病的病斑出現，就要趕快把他剪除，或者是說看到一點一點的病斑時，就針對重點部位開始噴藥來進行防治。另外，肉桂油、波爾多液、石灰硫磺合劑都可以拿來做使用。

斑葉春不老病蟲害

春不老很常被拿來作為綠籬之用，這是因為他不僅具有耐風、耐陰的特性，照顧起來並不困難。種植時要檢查植株的生長情況，一旦發現葉片有病蟲害的情況發生，就要趕緊將其剪除，以免病蟲害的情況擴散。種植上所使用的容器，一定要以具孔洞且容易排水的為佳，可以在底部鋪上一層發泡煉石來增加排水性，介質也要以排水性佳的土壤為首選。並且以砂質壤土最佳。種植前要加入基肥，並且每年春天添加追肥。

Data

主要病害 炭疽病

主要蟲害 鳥類及各種昆蟲

發生時間 全年都要做好防治。尤其在高溫多濕的情況下會傳播

主要防治方式

看到葉片上面有病斑出現，就要趕快拔除，一旦發現卵或幼蟲，例如螽斯、蚱蜢等等昆蟲或蝴蝶幼蟲就立刻撲滅。因為隨著幼蟲的成長，被啃食的數量也會逐漸增加，所以關鍵在於要趁問題還不嚴重之前解決。

昆蟲的食痕

1 2 3 **4 5 6** 7 8 9 10 11 12

螽斯、蚱蜢等等昆蟲或蝴蝶幼蟲的啃咬，都有可能造成葉片缺損。如果是果實上出現啃咬的情況，極有可能是鳥類的危害。

防治法

一旦發現卵或幼蟲就立刻撲滅。隨著幼蟲的成長，被啃食的數量也會逐漸增加，可以在幼蟲剛出現時，選擇適用的藥劑噴灑在植株整體。春季蝴蝶紛飛時，就可以開始用蘇力菌和矽藻素定期施用來預防。

竹子病蟲害

種植竹子的介質以微酸性或中性土壤為佳，且以疏鬆、排水良好的沙質壤土為首選，可以泥炭土：珍珠石：蛭石＝2：1：1來進行調配。一定要選有孔洞容易排水的，可以先在底部鋪上一層發泡煉石增加其排水性，選用的介質要以排水性佳為首選，特別適合全日照的環境。平常就要檢查植株的生長情況，一旦發現葉片出現病蟲害時，就要立刻剪除，避免病蟲害的情況擴散。

Data

主要病害 葉枯病、萎凋病、褐斑病

主要蟲害 粉蝨

發生時間 褐斑病從梅雨季一直到秋天颱風來時

主要防治方式

褐斑病防治可以用波爾多液，或者是蕈狀芽孢桿菌。罹病太嚴重的葉片要修剪移除。粉蝨的防治，通常會用一些礦物油、窄域油、夏油，以物理性的包覆將蟲身上的棉絮或粉弄掉，將蟲的氣孔堵住讓他死掉，就能達到不錯的防治效果。

葉枯病

1 2 3 4 5 6 7 8 9 10 11 12

葉枯病主要為害是葉、柄。一旦葉片受害，會產生褐色小斑，之後會逐漸擴大成不規則病斑，表面會呈現淡褐色，在葉片的反面，則呈現出紅褐色甚至是黑色，在邊緣可以明顯觀察到黃色暈環。當嚴重發病時病斑會布滿整個葉面，直到植株枯死。

防治法

防治上面可以用波爾多液，或者是蕈狀芽孢桿菌。最重要就是萬一罹病，一定要把這些殘渣落葉，或者是罹病太嚴重的葉片把它修剪移除掉。使用的器具一定要做好消毒，避免雨水飛濺，保持通風以及良好的排水。

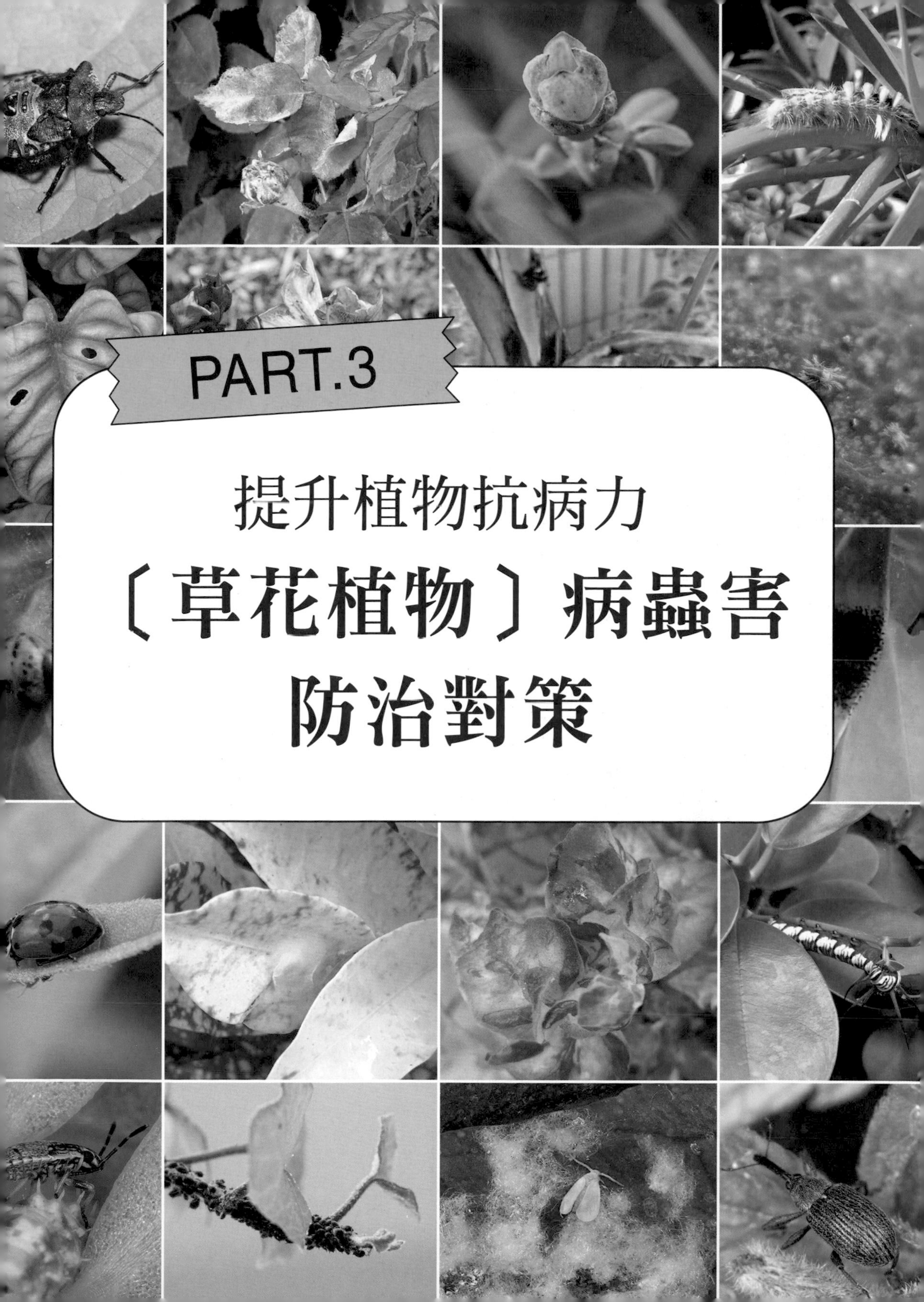

PART.3

提升植物抗病力
〔草花植物〕病蟲害防治對策

白粉病

1 2 3 4 5 6 7 8 9 10 11 12

是一種常見的真菌性病害，可以在葉片、葉柄還有一些比較嫩的藤蔓上面看到它的蹤跡。一開始是一塊圓形的白灰色的病斑，像粉筆灰撒在上面，之後會在葉片上出現好多的病斑，最後覆蓋整個葉片影響到光合作用，使葉片枯死。

防治法

白粉病喜歡乾燥的環境，所以可以用灑水達到防治的效果。另外，或者在剛種下去的植物噴市售的波爾多液，也就是亞磷酸跟氫氧化鉀混合液來做防治，每隔 7 天一次連續 2-3 次，可以誘導植物啟動它的防禦機制來對抗這些病害。

炭疽病

1 2 3 4 5 6 7 8 9 10 11 12

炭疽病很容易造成葉片上面的危害。還有對於蔬果類的果實也具有一定的傷害性。尤其如果在果實蔓延開來，會影響到收成。對於觀葉植物來說，就會嚴重影響到外觀，甚至會造成植株死亡，在龜背芋、粗勒草、鵝掌藤也都很常見。

防治法

如果看到葉片上面有炭疽病的病斑出現，就針對重點部位開始噴藥來進行防治。另外，使用有機無毒的資材，例如肉桂油、波爾多液、石灰硫磺合劑都可以拿來做使用。波爾多液的製作方式，請參考 P30。

灰黴病

1 2 3 4 5 6 7 8 9 10 11 12

葉片出現宛如浸水般的小斑點，之後逐漸擴散；嚴重者會長出灰色黴菌，底部腐爛。花瓣也會長出小斑點，並逐漸腐爛。蚜蟲病變部嵌紋病屬於病毒感染的疾病，花瓣會出現斑紋，也會變小、變畸形。

防治法

大概是秋天入冬天，一直到夏天之前都要進行防治。像是液化粉芽孢桿菌這一類的微生物，噴在比較容易罹病的地方。液化澱粉芽孢桿菌的市售產品，它會有一個孢子化的狀態，碰到水後才會激起它的活性形成保護膜，達到預防效果。

黑斑病

1 2 3 4 5 6 7 8 9 10 11 12

黑斑病又稱黑星病，主要以危害老葉居多，剛開始時，會在葉片上出現紫褐色的小斑，然後斑點會逐漸擴大變成不規的病斑，後期的病斑中間會褪色成灰白色，也就是病原菌的孢子，會藉由雨水及昆蟲而四處傳播。

防治法

透過適度的修剪枝條，除了能降低罹病風險，也能讓空氣更流通，光照更充足，讓植株更健康的生長。

露菌病

1 2 3 4 5 6 7 8 9 10 11 12

露菌病跟白粉病二種病可說互相配合得完美無缺。露菌病是低溫多濕的時候發生，白粉病是涼季乾燥的時候，所以通常都是露菌病發生完換白粉病，兩者輪流交替。

它的危害癥狀，會在葉片出現黃白色的一個小白點，漸漸擴散後變成淡黃色的角斑，是一個非常重要而且明顯的徵兆。它會出現像馬賽克的斑紋，有些是三角形，有些是正方形布滿葉片。翻到葉背，會有灰色的黴狀物，那個就是它的孢子，會隨風飄散。嚴重的話葉片就會枯萎、乾掉這就是它危害的一個癥狀。

容易感染的植物

危害的植物種類有很多，像是洋桔梗、玫瑰、鳳仙花等。

防治法

時間上通常是秋天到隔年的春天，直到夏天之前，這一段時間，做密集的防治就可以了。另外，所有的病害一定要保持良好的通風環境，避免的莖葉太過茂密，通風良好才會減少病害的發生機率。

當種下植株時，最好可以用 1：1 的亞磷酸跟氫氧化鉀混合後做葉面的噴灑，如此一來，就可以誘導出抗病系統用來預防。

如果剛開始發現露菌病，可以使用礦物油或者葵無露、碳酸氫鉀等等拿來做防治。

微生物的防治，在市面上也能買得到滅黴菌這類的產品，也可以拿來做防治。另外也可以噴灑波爾多液來防治。

特別注意：

亞磷酸跟氫氧化鉀使用上要特別小心，因為亞磷酸是強酸，氫氧化鉀是強鹼，進行配置的時候，其重量為 1：1，配製時要先溶亞磷酸，再溶解氫氧化鉀，以水稀釋 1000 倍就可以拿來使用，每個禮拜用一次，連續 4 次效果會比較好。

絕對不可以在原始狀態下把亞磷酸跟氫氧化鉀兩個同時加到水裡面去，或者兩個混合後再加水，這是絕對要避免的，因為會發生危險。

煤煙病

1 2 3 4 5 6 7 8 9 10 11 12

煤煙病主要會跟蟲害一起發生，尤其是蟲害多的時候，基本上在植株上應該都可以看到煤煙病的蹤跡。它的癥狀就是在葉片上面或枝條上面覆蓋了一層類似煤煙的黑色黴狀物，屬於黴菌，跟蚜蟲、介殼蟲、木蝨等只要是會分泌蜜露的昆蟲，就很容易產生共生，且一年四季都會發生。危害的種類包括羅漢松、台灣欒樹，以及果樹類等等。

防治法

一年四季都要防治，且要防止這個病害之前，一定要先除蟲。基本上不外乎是使用油類，窄域油、葵無露、礦物油、精油類、碳酸氫鈉（小蘇打）都可以用來防止煤煙病。另外也可以用三元硫酸銅，大概稀釋 800 倍以後來殺菌。油類的話，就依包裝上的說明就可以。比較特別，比如小蘇打，可以用水稀釋大概 300 倍直接噴在比較嚴重的部位，大概一個禮拜噴一次，連續三 3-4 次，就能看到效果。

仙丹花病蟲害

種植仙丹花要避免盆土積水，一定要選有孔洞容易排水的為佳，可以先在底部鋪上一層發泡煉石增加其排水性，選用的介質也要以排水性佳為首選，可以泥炭土：珍珠石：蛭石＝ 2：1：1 來進行調配。平常就要檢查植株的生長情況，一旦發現葉片出現病蟲害時，就要立刻拔除，避免病蟲害的情況擴散。容易感染炭疽病、煤煙病，另外紅蜘蛛以及蚜蟲等病蟲害也很常見。一旦發現葉片出現病蟲害時，就要趕緊剪除，避免病蟲害的情況擴散。

Data

主要病害 煤煙病、炭疽病、葉枯病

主要蟲害 葉蟎、蚜蟲

發生時間 煤煙病從梅雨季一直到秋天颱風來時；介殼蟲好發期從 11 月到隔年的 5 月

主要防治方式

一年四季都要防治，且要防止這個病害之前，一定要先除蟲。基本上不外乎是使用油類，窄域油、葵無露、礦物油、精油類、碳酸氫鈉（小蘇打）都可以用來防治煤煙病。

在葉片上看到出現暗紅色的色斑，且幾乎每片葉子上面都有，很有可能是因為缺乏磷肥所致。

葉蟎類

1 2 3 4 5 6 7 8 9 10 11 12

葉片的色澤變淡，或出現如蜘蛛絲纏繞的情況，有可能是感染葉蟎。主要附著在葉背吸食汁液，葉片會出現白色斑點，葉子泛白會影響光合作用，萬壽菊、玫瑰等都容易受害。

防治法

養成時常觀察葉片背面的習慣，植株間保持適當的間隔，避免密植，以維持良好的通風環境。葉蟎不耐濕氣，如果在葉片背面灑水，可以達到抑止的效果。

蚜蟲

1 2 3 4 5 6 7 8 9 10 11 12

蚜蟲的排泄物會引誘螞蟻靠近，所以只要在枝條看到爬上爬下的螞蟻，表示有蚜蟲的存在。蚜蟲不只會吸食植物的汁液，也會成為嵌紋病等病毒性疾病的媒介。黏稠的排泄物會成為黴菌的養分，也可能導致煤煙病發生。

防治法

蚜蟲吸取病株的汁液後，會經由吸取其他健康植株的汁液而形成傳染，所以一旦發現有植株發病，必須立刻連同其他受感染的植物一起拔除。但如果蚜蟲聚集，表示植物已無法倖免，直接剪除。

炭疽病

1 2 3 4 5 6 7 8 9 10 11 12

炭疽病很容易造成葉片上面的危害。還有對於果實也具有一定的傷害性。尤其如果在果實蔓延開來，會影響到收成。對於觀葉植物來說，就會嚴重影響到外觀，甚至會造成植株死亡。

防治法

看到一點一點的病斑時就針對重點部位開始噴藥來進行防治。另外，使用有機無毒的資材，例如肉桂油、波爾多液、石灰硫磺合劑都可以。波爾多液的製作方式，請參考 P30。

煤煙病

煤煙病主要會跟蟲害一起發生，癥狀就是在葉片上面或枝條上面覆蓋了一層類似煤煙的黑色黴狀物，它是黴菌，跟蚜蟲、介殼蟲、木蝨等只要是會分泌蜜露的昆蟲，就很容易產生共生。

防治法

一年四季都要防治，且要防止這個病害之前，一定要先除蟲。基本上不外乎是使用油類，窄域油、葵無露、礦物油、精油類、小蘇打都可以用來防止煤煙病。

孤挺花 病蟲害

每年 3-4 月間，總可以不經意的看到一枝獨秀的孤挺花此起彼落的開著或白、或粉紅或鮮紅的花朵，而其中有些重瓣的花朵看起來更是美麗。種植孤挺花每天需要 4 小時以上的光照才有利於開花，但如果是夏季則需要做適當的遮陰。室內盆栽要選擇靠近窗戶旁的地方。且平常就要檢查植株的生長情況，一旦發現葉片出現病蟲害，就要趕緊剪除，避免病蟲害的情況擴散，而孤挺花常見的病蟲害包括：炭疽病、葉燒病等等。

Data

主要病害 是赤斑病、葉燒病、炭疽病。另外也有可能發生病毒病，如果是自己留種球來進行宿根栽培，而病毒病會隨著栽培時間越長造成植株越來越弱，一旦快開花時爆發，就白費功夫栽培了。

發生時間 全年都要做好防治。尤其在高溫多濕的情況下會傳播。

主要防治方式

另外，看到葉片上面有病斑出現，就要趕快拔除且針對重點部位用亞磷酸來增加植物的抗性。也可以用波爾多液來進行防治。

介殼蟲的防治，通常會用一些礦物油、窄域油、夏油這類油，以物理性的包覆將蟲身上的棉絮或粉弄掉，將蟲的氣孔堵住讓他死掉，就能達到不錯的防治效果。

除了容易看到初期在葉片會看到一些病斑外，也很常看到葉片上出現很大的缺口，也成為昆蟲們飽餐一頓的證據。

炭疽病

1 2 3 4 5 6 7 8 9 10 11 12

炭疽病如果發生在蔬果作物上常危害果實或葉片，而大部分對於葉片傷害性較小，但發生在果實上若蔓延開來，基本上就沒有收成；在花卉上則會造成不美觀，甚至影響開花，所以一發現就要處理。龜背芋、粗勒草、鵝掌藤都蠻常見。

防治法

如果看到葉片上面有炭疽病的病斑出現，就要趕快把他拔除，或者是說看到一點一點的病斑時就針對重點部位開始噴藥來進行防治。另外，有機無毒的資材，例如肉桂油、波爾多液、石灰硫磺合劑都可以拿來做使用。

赤斑病

1 2 3 4 5 6 7 8 9 10 11 12

罹病的部位首先會出現紅色細斑，之後會繼續擴大變成粗斑或者出現塊斑，在花梗上容易有紅色條斑狀的病徵。另外病徵還容易出現在花梗、葉，溫度越低，感染的機會越高，所以在冬季低溫時節，要儘量保持通風。

防治法

全年都要做好防治。看到葉片上面或者植株上有病斑或感染的情況出現，就要趕快拔除且針對重點部位用亞磷酸來增加其抗性。也可以用波爾多液來進行防治。

葉燒病

1 2 3 4 5 6 7 8 9 10 11 12

葉燒病可說是孤挺花的主要病害之一，病菌會危害孤挺花的葉片以及葉柄，在罹病初期，可以在葉片上發現紅色病斑，之後病斑會逐漸擴大，在病斑中央會出現凹陷且病斑周圍還是會持續出現紅色，最後罹病部位更會扭曲變形。

防治法

如果看到葉片上面有病斑出現，就要趕快剪除，或者是說看到一點一點的病斑時就針對重點部位開始噴藥來進行防治。另外，有機無毒的資材，例如肉桂油、波爾多液、石灰硫磺合劑都可以。波爾多液的製作方式，請參考 P30。

疫病

1 2 3 4 5 6 7 8 9 10 11 12

罹病的狀況，最典型就是葉片上會有一些水浸狀，不規則的病斑出現，且組織會比較軟爛，會有一些菌絲跑出來。莖基部也會有，出現褐色病斑，一旦感染會皺縮導致植物就沒辦法吸收水分而死亡。蘭花、常春藤、夏堇都容易感染。

防治法

全年都要做好防治。尤其在高溫多濕的情況下會傳播。另外，看到葉片上面有病斑出現，就要趕快拔除且針對重點部位用亞磷酸（作法參考 P32）來增加植物的抗性。也可以用波爾多液來進行防治。波爾多液的製作方式，請參考 P30。

日日春病蟲害

適合日日春的介質以偏酸性的土壤為佳，如果土壤偏鹼性，會導致新葉出現發黃現象。

Data

主要病害 褐斑病、灰黴病

發生時間 褐斑病從梅雨季一直到秋天颱風來時；介殼蟲好發期從 11 月到隔年的 5 月

主要防治方式

趁早清除發病的枝條和葉片，再把落葉清掃乾淨，淨空植株的周圍。澆水時要澆在底部，而不是直接澆在葉片上。發病初期噴灑蘇力菌。

如果出現介殼蟲，在防治上通常會使用礦物油、窄域油、夏油這類油，以物理性的包覆，將蟲的氣孔堵住讓他死掉，就能達到不錯的防治效果。

日日春的常見疾病，如果是發生在葉片上，常會長出有如浸水般的淡褐色和黑紫色病斑，之後逐漸擴大、轉為黃色，然後落葉。病情擴散時，連莖都會枯萎。或者像是被撒了麵粉一樣長出白色黴菌，漸漸地整片葉子都會被黴菌覆蓋。新芽發不出來，生長情況也跟著惡化。如果出現這些情況，要趁早切除發病的位置，並連同落葉清掃乾淨。同時要避免密植，並且定期修剪過於茂密的枝葉，以保持良好的通風與日照。另外，適合日日春生長的介質要偏酸性的土壤為佳，如果使用到鹼性土壤，會導致其葉子出現一整個發黃現象，甚至不開花的情況。

灰黴病

1 2 3 4 5 6 7 8 9 10 11 12

防治法

大概就是秋天入冬天，一直到夏天之前都要進行防治。一旦溫度變高了傳播能力就下降。所以要進行防治的話，像是市售的液化澱粉芽孢桿菌這一類的微生物噴在比較容易罹病的部位，它會有一個孢子化的狀態，碰到水後才會激起它的活性形成一個保護膜，達到預防效果，並且隨時隨地注意，看到罹病的葉子就把它摘掉，丟放到塑膠袋後銷毀。另外還有像是波爾多液、木黴菌、碳酸氫鉀、碳酸氫鈉〈小蘇打〉都可以用來防治灰黴病。

茉莉花病蟲害

茉莉花適合陽光充足、潮濕、通風的環境。光照越充足，就能越開花，且開出來的花朵，香氣四逸。種植時要特別注意水分的給予，如果缺水，容易造成葉黃。不過也要避免盆內積水，以免引發腐爛。在介質的選擇上，以肥沃的沙質或半沙質，帶有微酸性的土壤種植比較好。

葉斑病在防治上面可以用波爾多液，或者是蕈狀芽孢桿菌。最重要就是萬一罹病，一定要把這些殘渣落葉，或者是罹病太嚴重的葉片把它修剪移除掉。記得所使用的器具，一定要做好消毒，避免雨水飛濺，保持通風以及良好的排水。

Data

主要病害 葉斑病

發生時間 葉斑病從梅雨季一直到秋天颱風來時

主要防治方式

趁早清除發病的枝條和葉片，再把落葉清掃乾淨，淨空植株的周圍。澆水時要澆在底部，而不是直接澆在葉片上，發病初期可以噴灑蘇力菌。

葉斑病

1 2 **3 4 5 6 7 8 9 10** 11 12

葉斑病主要是危害葉片，在發病初期，葉片表面會出現圓形褐色的水浸狀小斑，之後會擴大為不規則的斑狀，等到罹病嚴重，整個病斑匯集在一起，葉片就會出現局部性的乾枯。

防治法

萬一罹病，一定要把殘渣落葉，或者是罹病太嚴重的葉片把它修剪移除掉。所使用的器具一定要做好消毒，避免雨水飛濺，保持通風以及良好的排水。防治上面可以用波爾多液，或者是蕈狀芽孢桿菌。

月橘病蟲害

月橘又稱為七里香，到了開花季節時，在遠處就能聞到它濃郁的香氣。月橘常見的疾病大多可以在葉片就輕易發現，例如出現密密麻麻的白輪盾介殼蟲、蚜蟲之類。或者像是被撒了麵粉一樣長出白色黴菌，出現白粉病會漸漸地把整片葉子都被黴菌覆蓋，新芽發不出來，生長情況也跟著惡化。如果出現這些情況，要趁早切除發病的位置，並連同落葉清掃乾淨並燒毀。同時要避免密植，並且定期修剪過於茂密的枝葉，以保持良好的通風與日照。

Data

主要病害 白粉病

主要蟲害 白輪盾介殼蟲、棉粉介殼蟲

發生時間 白粉病從梅雨季一直到秋天颱風來時；介殼蟲好發期從 11 月到隔年的 5 月

主要防治方式

白粉病很常見且喜歡乾燥的環境，所以可以用灑水達到防治的效果。保持好濕度它的好發率就不會那麼高。另外，除了用水做為防治的方式，還可以在剛種下去的植物噴市售的波爾多液，也就是亞磷酸跟氫氧化鉀混合液來做防治（作法請見 P32）。

如果出現介殼蟲，在防治上通常會使用礦物油、窄域油、夏油這類油，以物理性的包覆，將蟲的氣孔堵住讓他死掉，就能達到不錯的防治效果。

蚜蟲會附著在葉片上吸食汁液，葉子常常會出現皺縮，如此會導致光合作用難以進行而影響正常生長。

輪盾介殼蟲

1 2 3 4 5 6 7 8 9 10 11 12

輪盾介殼蟲的雌體呈現圓扁，背中間拱起，雄蟲體為長條型。會從身體後方分泌白色蠟質，通常輪盾介殼蟲都會群聚在一起，所以葉片上完全密密麻麻，多達上百隻，也因為他們會刺吸汁液，會使得葉片變黃、脫落，嚴重影響植株的生長。

防治法

養成時常觀察葉片背面的習慣，植株間也要保持適當的間隔，避免密植，以維持良好的通風環境。並且勤加修剪受害的枝條後燒毀，萬一危害嚴重，可使用強力水柱去沖洗來降低害蟲數量。

吹棉介殼蟲

1 2 3 4 5 6 7 8 9 10 11 12

介殼蟲的身體扁平橢圓，且種類很多，包括粉介殼蟲、吹棉介殼蟲、圓盾介殼蟲等，它會吸食植物的葉片、莖的汁液，而造成煤煙病的發生。

防治法

防治上就是減少它的族群數量，通常會噴一些油，以物理性的包覆把他身上的棉絮，還有一些蟲體弄掉，並且把氣孔堵住讓他死掉。甚至有看到蟲體時，比如：窄域油、夏油這一類的，都能夠達到蠻好的防治效果，一個禮拜噴灑一次連續 4 次，應該就可以做到防治，還有像是葵無露也是。防治的對策上，因為他跟蚜蟲還有銀葉粉蝨一樣，都有一個共通點，就是螞蟻。螞蟻也要進行防治，因為他們屬於共生，只要是會產生蜜露就會吸引一些昆蟲來食取，就要防治。因為螞蟻跟他們是共生，會搬著他們到處跑，所以，防治介殼蟲跟蚜蟲很重要的一點就是連同螞蟻要一同防治，可以利用有機無毒的資材，例如：硼砂、硼酸等等。

白粉病

1 2 3 4 5 6 7 8 9 10 11 12

是一種常見的真菌性病害，可以在葉片、葉柄還有一些比較嫩的藤蔓上面看到它的蹤跡。一開始是一塊圓形的白灰色的病斑，像粉筆灰撒在上面，之後會在葉片上出現密密麻麻的病斑，最後病斑聚集在一起變成一整片覆蓋整個葉片影響到光合作用，使葉片枯死。上面的白色粉末是他的菌絲跟孢子。會隨著風飄散，進而感染其他的部位或其他的植株。

防治法

白粉病很常見，也算是好防治的病害，它喜歡乾燥的環境，所以可以用灑水達到防治的效果。保持好濕度它的好發率就不會那麼高。另外，除了用水做為防治的方式，還可以在剛種下去的植物噴市售的波爾多液，也就是亞磷酸跟氫氧化鉀混合液來做防治，每隔 7 天一次連續 2-3 次，可以誘導植物啟動它的防禦機制來對抗這些病害。

秋海棠病蟲害

秋海棠種類非常多種，有觀葉的也有看花，像是麗格海棠、鐵十字秋海棠這些。病蟲害的部分，蟲害包括：蚜蟲、葉蟎、介殼蟲等等。而病害的部分，像是莖腐病、褐斑病等等。如果出現這些情況，要趁早切除發病的位置，並連同落葉清掃乾淨。同時要避免密植，定期修剪過於茂密的枝葉，以保持良好的通風與日照。特別注意的是，不要添加過量的氮肥。另外，如果枝葉出現傷口，會引起葉蜂之類的昆蟲在上面產卵，隨著枝條的生長，傷口也會跟著裂開，成為原菌入侵感染處，因此必須特別注意。

Data

主要病害 葉斑病、褐斑病、細菌性斑點、炭疽病、葉枯病

主要蟲害 葉蟎、毒蛾、紅蜘蛛

發生時間 褐斑病從梅雨季一直到秋天颱風來時；介殼蟲好發期從 11 月到隔年的 5 月

主要防治方式

趁早清除發病的枝條和葉片，再把落葉清掃乾淨，淨空植株的周圍。澆水時要澆在底部，而不是直接澆在葉片上。發病初期噴灑蘇力菌。如果出現介殼蟲，在防治上通常會使用礦物油、窄域油、夏油這類油，以物理性的包覆，將蟲的氣孔堵住讓他死掉，就能達到不錯的防治效果。

當葉片上出現被啃咬的痕跡時，就要好好檢查一下，如此才不會導致光合作用難以進行而影響正常生長。

葉蟎類

1 2 3 4 5 6 7 8 9 10 11 12

葉片的色澤變淡，或出現如蜘蛛絲纏繞的情況，有可能是感染了葉蟎。常見的有神澤氏葉蟎（俗稱紅蜘蛛）、二點葉蟎（俗稱白蜘蛛）、茶葉蟎及赤葉蟎等，繁殖速度很快，一旦孳生太多就會像蜘蛛一樣結出網，主要附著在葉背吸食汁液，葉片會出現白色斑點影響光合作用。

防治法

養成時常觀察葉片背面的習慣，植株間保持適當的間隔，避免密植，以維持良好的通風環境。葉蟎不耐濕氣，所以在牠們剛開始出現時灑水，可以防治。

葉蜂

1 2 3 4 5 6 7 8 9 10 11 12

葉蜂類聽到他的名字就知道跟葉片很有關係，除了玫瑰，葉蜂也很喜歡吃十字花科的葉片，而造成葉片出現鋸齒狀的缺刻或是比較正方形、長方形的孔洞。春夏期間會比較容易發生，所以防治工作在這個時間點來進行。

防治法

有機的防治方式，可以用印楝油或者種植藜蘆再取其根部磨成粉，或者直接在網路上買乾燥的藜蘆粉末撒在花園裡，這樣的防護效果也很不錯。對於一些咀嚼式的害蟲也都有效。不過藜蘆也蠻有毒性的，使用上要小心一點，不要被其他的動物吃到。

褐斑病

1 2 3 4 5 6 7 8 9 10 11 12

主要在葉片上會有比較明顯的癥狀，在罹病的部位，會看到像是被油漆隨機噴灑到出現點狀分布，中間是灰的，周圍有黃暈，慢慢擴大後，葉片就會枯萎，這是比較典型的癥狀。

防治法

防治上面可以用波爾多液，或者是蕈狀芽孢桿菌。最重要就是萬一罹病，一定要把這些殘渣落葉，或者是罹病太嚴重的葉片把它修剪移除掉。器具一定要做好消毒，避免雨水飛濺，保持通風以及良好的排水。

莖腐病

1 2 3 4 5 6 7 8 9 10 11 12

莖腐病會發生在植株的莖基部，並且從外觀上就能看到葉片從基部開始腐爛，在根部前端和接觸地面的莖部初期會出現浸水般的褐色病斑，不久之後會腐爛。

防治法

可以用有益微生物，例如木黴菌等，定期的澆灌莖基部。另外，落葉要定期清除乾淨。過於茂密的枝葉必須定期修剪與整枝，以維持通風良好，環境上要避免高濕。

山茶花 病蟲害

種植山茶花以半日照的環境為佳，若長時間光照不足，會不利開花，不過也要避免陽光直射或過度曝曬的情況。山茶花的病蟲害比較多，比如灰黴病、煤煙病、赤葉枯病、炭疽病、葉斑病、炭疽病，或是介殼蟲、潛蠅之類，當病情擴散時，連莖都會枯萎，或是漸漸地整片葉子都會被病菌所覆蓋，新芽發不出來，生長情況也跟著惡化。如果出現這些情況，要趁早切除發病的位置，並連同落葉清掃乾淨。同時要避免密植，並且定期修剪過於茂密的枝葉，以保持良好的通風與日照，如果枝葉出現傷口，也要立刻剪除，以免成為病蟲害的感染源。

Data

主要病害 灰黴病、煤煙病、赤葉枯病、炭疽病、葉斑病、炭疽病

主要蟲害 葉蟎、毒蛾、紅蜘蛛

發生時間 冬天到春天這一段期間比較容易好發。

主要防治方式

大概就是秋天入冬天，一直到夏天之前都要進行防治，像是市售的液化澱粉芽孢桿菌這一類的微生物噴在比較容易罹病的這個部位。另外不要栽種太密集，要保持通風，適當的提供水分就好，不要澆太濕。另外就是如果排水不好，一定要加強排水。然後合理化施肥，不要用太多的氮肥，這樣可以促進植物的健康程度。

毒蛾類的害蟲會附著在葉片上吸食汁液，葉子就會出現各種被啃咬過的痕跡，如此會導致光合作用難以進行而影響正常生長。

灰黴病

1 2 3 4 5 6 7 8 9 10 11 12

蚜蟲的種類繁多，基本上他會讓所有的新葉皺縮、長不大，不會展開，影響頂芽的正常生長，也會因為分泌蜜露而誘發灰黴病。不論是成蟲或是幼蟲，通常都喜歡群聚在嫩芽的地方，還有葉背，基本上所有植株都有發生的可能。

防治法

基本上一年四季都要做預防，如果使用天敵防治法，可以釋放蚜獅，因以牠是以蚜蟲為主食。或者可以利用油劑防治方式，比如可以使用葵無露、窄域油、苦楝油、樟腦油或是柑橘精油這一類，在新葉、葉背做重點防治。

煤煙病

1 2 3 4 5 6 7 8 9 10 11 12

煤煙病主要會跟蟲害一起發生，尤其是蟲害多的時候，它的癥狀就是在葉片上面或枝條上面覆蓋了一層類似煤煙的黑色黴狀物，危害的種類包括羅漢松、台灣欒樹，以及果樹類等等。

防治法

一年四季都要防治，且要防止這個病害之前，一定要先除蟲。基本上不外乎是使用油類，窄域油、葵無露、礦物油、精油類及小蘇打用來防止煤煙病。另外也可以用三元硫酸銅，大概稀釋 800 倍以後來殺菌。

赤葉枯病

1 2 3 4 5 6 7 8 9 10 11 12

赤葉枯病的病菌跟炭疽病菌一樣，都屬於潛伏型的感染菌，發病初期，可以在葉片上看到黃綠色的小點，之後會擴大並且變成赤褐色，伴隨灰黑色小點，而在嫩芽上出現的病斑則為褐色然後慢慢變成黑褐色或灰色。

防治法

一年四季都要防治，要保持環境通風，且光照充足、降低濕度。看到一點一點的病斑時就針對重點部位開始噴藥來進行防治。另外，使用有機無毒的資材，例如肉桂油、波爾多液、石灰硫磺合劑都可以拿來做使用。

藻斑病

1 2 3 4 5 6 7 8 9 10 11 12

藻斑病很容易造成葉片上面的危害。病原菌會在成熟或老熟葉片上生長，出現灰色或是灰褐色的圓形或橢圓形斑點，而影響到光合作用，不僅僅影響到外觀，甚至會造成植株死亡，在龜背芋、粗勒草、鵝掌藤也都很常見。

防治法

看到葉片上面有藻斑病的病斑出現要趕快拔除，另外也要進行疏密，注意通風並且避免潮濕。使用有機無毒的資材，例如肉桂油、波爾多液、石灰硫磺合劑都可以拿來做防治。

介殼蟲

1 2 3 4 5 6 7 8 9 10 11 12

介殼蟲的身體扁平橢圓，且種類很多，包括粉介殼蟲、吹棉介殼蟲、圓盾介殼蟲等，它會吸食植物的葉片、莖的汁液，而造成煤煙病的發生。

防治法

防治上就是減少它的族群數量，通常會用物理性的包覆把他身上的棉絮，還有一些蟲體的粉，把他弄掉，並且把氣孔堵住。甚至有看到蟲體時，可以直接用手把它抓掉，可以使用像是一些礦物油，比如：窄域油、夏油這一類的，都能夠達到蠻好的防治效果，一個禮拜噴灑一次連續 4 次，應該就可以做好防治。

還有像是葵無露也是，防治的對策上，因為他跟蚜蟲還有銀葉粉蝨一樣，都有一個共通點，就是螞蟻。螞蟻也要進行防治，因為他們都是共生，只要是會產生蜜露就會吸引一些昆蟲來食取，就要進行防治。因為螞蟻跟他們是共生，會搬著他們到處跑，所以，防治介殼蟲跟蚜蟲很重要的一點就是連同螞蟻要一同防治，可以利用有機無毒的資材，例如：硼砂、硼酸等等。

茶角盲椿象

1 2 3 4 5 6 7 8 9 10 11 12

被茶角盲椿象刺吸式口器吸取後的嫩葉，會出現斑點，且周圍組織會褐化，之後中央區域會變成淺棕色，最後轉變為深褐色。有些還可能造成葉片出現凹陷、乾枯，甚至會變形捲曲，最後還會落葉。

防治法

養成隨時觀察植物的習慣，一旦發現幼蟲和成蟲就立刻撲滅。牠們會藏身在落葉底下或雜草地，並且能在這些地方越冬，所以落葉和雜草的清理要徹底執行，不要讓牠們有機會越冬。加強枝條修剪，能有效降低茶角盲椿象的族群密度，在茶角盲椿象發生初期，可以用手抓蟲的方式來除蟲。

斑潛蠅屬

1 2 3 4 5 6 7 8 9 10 11 12

又稱繪圖蟲，幼蟲會潛入葉肉中啃食，把內部啃食成隧道狀，並留下白色的線痕，不僅妨礙美觀，如果數量太多時也會導致葉片枯萎，所以要立刻清除發病的部分。

防治法

循著白色線痕的前端尋找幼蟲，看到有隧道食痕即摘下其葉子；另外可以黃色貼紙或水盤誘殺成蟲。（購買市售的苗株時，記得不要挑選已出現白色線痕的苗株。）有機防治，可以利用醋酸液、辣椒水等等。

葉蟎類

1 2 3 4 5 6 7 8 9 10 11 12

葉片的色澤變淡，或出現如蜘蛛絲纏繞的情況，有可能是感染了葉蟎。常見的有神澤氏葉蟎(俗稱紅蜘蛛)、二點葉蟎(俗稱白蜘蛛)、茶葉蟎及赤葉蟎等。體長只有0.2-0.4mm，繁殖速度很快，一旦孳生太多就會像蜘蛛一樣結網。主要附著在葉背吸食汁液，葉片會出現白色斑點，斑點過多葉子就會泛白，影響光合作用。鳳仙花、萬壽菊、玫瑰、齒葉冬青、桂花等都容易受害

防治法

養成時常觀察葉片背面的習慣，植株間保持適當的間隔，避免密植，以維持良好的通風環境。葉蟎不耐濕氣，所以在他們剛開始出現時，如果在葉片背面進行灑水，可以達到抑止的效果。

梔子花病蟲害

又稱玉堂春、黃梔花，適合全日照或半日照的環境，如果日照不足不易開花。而花期過後必須立刻剪除殘花，再補充肥分。種植上如果發現葉片掉落或葉黃，可以先檢查，光照、水分是否充足？在介質上可以選擇富含有機質的肥沃土比較能促進生長以及開花。所使用的容器，要有孔洞、容易排水為佳，選用的介質也要以排水性佳為首選。平常就要檢查植株的生長情況，一旦發現葉片出現病蟲害時，就要立刻剪除，避免病蟲害的情況擴散。常見病害為炭疽病、褐斑病；蟲害則有葉蟎、蚜蟲等等。

Data

主要病害 炭疽病、褐斑病

主要蟲害 椿象、葉蟎、介殼蟲

發生時間 3 月到 10 月

主要防治方式

如果看到葉片上面出現病斑，除了要趕快剪除外，在看到一點一點的病斑時，就要好好的針對重點部位開始噴藥來進行防治。較容易發生介殼蟲的危害，可將過密的枝葉進行修剪，並噴灑礦物油等藥劑來進行防治。

不同的營養元素缺乏，會造成在老葉或新葉表現出不同顏色的徵狀。如果是缺鐵，主要是新葉葉脈間白黃化，缺磷會變深綠或變紅。

大透翅天蛾

1 2 3 4 5 6 7 8 9 10 11 12

大透翅天蛾是梔子花的主要害蟲，幼蟲的尾部極具辨識性。體型巨大，食量也驚人，會把葉片全部啃食只留下光禿禿的樹枝，甚至會造成植物枯萎。有些幼蟲的體色和葉片一樣為綠色，但有些幼蟲呈褐色。

防治法

大透翅天蛾會在落葉等處化蛹、越冬。綠褐色的成蟲，體型厚實，會停留在半空中吸取花蜜。白天的活動力旺盛，時常可見到他們出沒。因此循著痕跡和害蟲的糞便，找到幼蟲後立刻捏起丟除。

椿象

1 2 3 4 5 6 7 8 9 10 11 12

當椿象被觸碰到時，常會射出臭液，因此不僅會造成葉片灼傷，一旦接觸到皮膚或眼睛，就有可能引起過敏。他們的種類非常多，會對植物造成的影響，在於新芽、葉，或者蔬果類的果實，不僅會造成生長遲緩，也有可能導致植株枯死。

防治法

養成隨時觀察植物的習慣，一旦發現幼蟲和成蟲就立刻撲滅。落葉和雜草的清理要徹底執行，不要讓他們有機會越冬。但如果看到的椿象是紅色的，可能是紅姬緣椿象，就無需防治不會造成危害。

介殼蟲

1 2 3 4 5 6 7 8 9 10 11 12

俗名：龜神、白苔。介殼蟲身體扁平橢圓，種類很多，包括吹棉介殼蟲、圓盾介殼蟲等等，危害大同小異，都會吸食葉片、莖的汁液以及果實。影響光合作用且會造成煤煙病的發生。

防治法

通常會用一些油類，像是一些礦物油、窄域油、夏油這一類，進行物理性的包覆，把他身上的棉絮、蟲體的粉弄掉，並把氣孔堵住讓他死掉。都能達到不錯的防治效果，一個禮拜噴灑一次，連續 4 次。另外像是葵無露也不錯。（葵無露製作方式，請參考 P32）

炭疽病

1 2 3 4 5 6 7 8 9 10 11 12

炭疽病很容易造成葉片上面的危害。還有對於果實也具有一定的傷害性。尤其如果在果實蔓延開來，會影響到收成。對於觀葉植物來說，就會嚴重影響到外觀，甚至會造成植株死亡，在龜背芋、粗勒草、鵝掌藤也都很常見。

防治法

如果看到葉片上面有炭疽病的病斑出現，就要趕快把他剪除，或者是說看到一點一點的病斑時就針對重點部位開始噴藥來進行防治另外，使用有機無毒的資材，例如肉桂油、波爾多液、石灰硫磺合劑都可以使用。

繁星花病蟲害

繁星花適合全日照或半日照的環境，如果日照不足不容易開花。而花期過後必須立刻剪除殘花，再補充肥分。種植上如果發現葉片掉落或葉黃，可以先檢查光照、水分是否充足？在介質上可以選擇富含有機質的肥沃土比較能促進生長以及開花。所使用的容器，要有孔洞、容易排水為佳，選用的介質也要以排水性佳為首選。平常就要檢查植株的生長情況，一旦發現葉片出現病蟲害時，就要立刻拔除，避免病蟲害的情況擴散。常見病害為炭疽病、褐斑病；蟲害則有葉蟎、蚜蟲等等。

Data

主要病害 炭疽病、褐斑病

主要蟲害 葉蟎、蚜蟲

發生時間 3 月到 10 月

主要防治方式

如果看到葉片上面出現病斑，除了要趕快拔除外，在看到一點一點的病斑時，就要好好的針對重點部位開始噴藥來進行防治。較容易發生介殼蟲的危害，可將過密的枝葉加以修剪，並噴灑礦物油等藥劑來進行防治。

不同的營養元素缺乏，會造成在老葉或新葉表現出不同顏色的徵狀。如果是缺鐵，主要是新葉葉脈間白黃化，缺磷會變深綠或變紅。

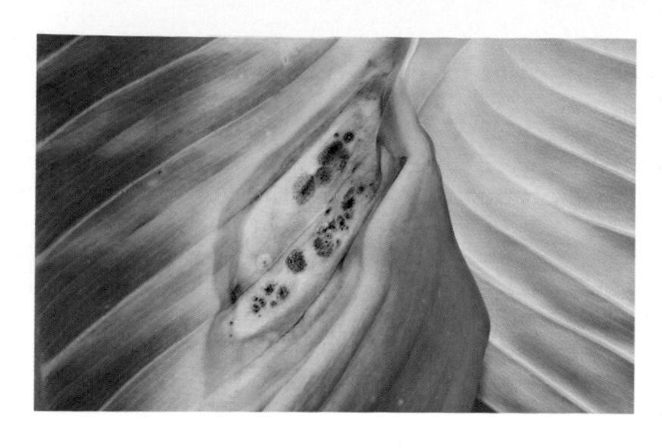

炭疽病

1 2 3 4 5 6 7 8 9 10 11 12

炭疽病很容易造成葉片上面的危害。還有對於果實也具有一定的傷害性。尤其如果在果實蔓延開來，會影響到收成。對於觀葉植物來說，就會嚴重影響到外觀，甚至會造成植株死亡，在龜背芋、粗勒草、鵝掌藤也都很常見。

防治法

如果看到葉片上面有炭疽病的病斑出現，就要趕快把他剪除，或者是說看到一點一點的病斑時就針對重點部位開始噴藥來進行防治。另外，有機無毒的資材，例如肉桂油、波爾多液、石灰硫磺合劑都可以拿來做使用。波爾多液的製作方式，請參考 P30。

褐斑病

1 2 3 4 5 6 7 8 9 10 11 12

主要在葉片上會有比較明顯的癥狀，在罹病的部位，會看到像是被油漆隨機噴灑到出現點狀分布，中間是灰的，周圍有黃暈，慢慢擴大後，葉片就會枯萎，這是比較典型的癥狀。蘭花、福祿桐、毬蘭、腎蕨、鳳尾蕨、網紋草、黛粉葉、黃金葛都蠻常見。

防治法

防治上面可以用波爾多液，或者是蕈狀芽孢桿菌。最重要就是萬一罹病，一定要把這些殘渣落葉，或者是罹病太嚴重的葉片把它修剪移除掉。的器具一定要做好消毒，避免雨水飛濺，保持通風以及良好的排水。

葉蟎類

1 2 3 4 5 6 7 8 9 10 11 12

葉片的色澤變淡，或出現如蜘蛛絲纏繞的情況，那有可能是感染了葉蟎。常見的有神澤氏葉蟎(俗稱紅蜘蛛)、二點葉蟎(俗稱白蜘蛛)、茶葉蟎及赤葉蟎等。體長只有0.2-0.4mm，繁殖速度很快，一旦孳生太多就會像蜘蛛一樣結出網。主要附著在葉背吸食汁液，葉片會出現白色斑點，斑點過多葉子就會泛白，影響光合作用。鳳仙花、萬壽菊、玫瑰、齒葉冬青、桂花等都容易受害

防治法

養成時常觀察葉片背面的習慣，植株間保持適當的間隔，避免密植，以維持良好的通風環境。葉蟎不耐濕氣，所以在牠們剛開始出現時，如果在葉片背面灑水，就可以達到抑止的防治效果。

紫色酢漿草病蟲害

紫色酢漿草喜愛高溫多濕的環境，如果溫度偏低時會休眠，葉片呈倒三角形，有著與眾不同的形狀，是很常見的草花植物，適合作為盆花來種植。種植紫色酢漿草所使用的容器，一定要選有孔洞容易排水的為佳，可以先在底部鋪上一層發泡煉石增加其排水性，選用的介質也宜用泥炭土和栽培土各半進行混合調配。生長期間看到土壤乾了再進行澆水，保持盆土濕潤但不要積水，在平常就要檢查植株的生長情況，一旦發現葉片出現病蟲害時，就要立刻剪除，避免病蟲害的情況擴散，並且剪除枯死、過密等枝條。

Data

主要病害 灰黴病、銹病、煤煙病

主要蟲害 葉蟎

發生時間 灰黴病主要是真菌，大部分都危害幼嫩的葉片等部位。在危害這些部位以後會造成軟腐、發黴長出一層灰色的黴菌。比較低溫或多雨的季節，非常容易的傳播與發生。所以冬天到春天這一段期間比較容易好發。

主要防治方式

不要栽種太密集，要保持通風，適當的提供水分就好，不要澆太濕。另外就是如果排水不好，一定要加強排水。合理化施肥，不要用太多的氮肥，這樣讓植物更健康，降低發病率。

除了病蟲害之外，植物如果缺乏氮素、磷素或葉綠素形成所需要的鐵，也都會表現在外觀上。

灰黴病

1 2 3 4 5 6 7 8 9 10 11 12

大部分都危害草花植物幼嫩的葉片，蔬果類的果實還有蒂頭的部位以及比較幼嫩的枝條，當然最主要的危害還是直接在果實上面發病。危害的植物包括菊花、蝴蝶蘭、百合、非洲堇、常春藤、椒草、網紋草。

防治法

要進行防治的話，像是液化澱粉芽孢桿菌這一類的微生物噴在比較容易罹病的部位。液化澱粉芽孢桿菌的市售產品，它會有一個孢子化的狀態，碰到水後才會激起它的活性形成一個保護膜，達到預防效果。另外要隨時隨地注意有看到罹病的葉子就把它摘掉，丟放到塑膠袋後銷毀。另外還有像是波爾多液、木黴菌、碳酸氫鉀、碳酸氫鈉〈小蘇打〉都可以用來防治灰黴病。

銹病

1 2 3 4 5 6 7 8 9 10 11 12

銹病屬於真菌，大部分的植株都會感染，在葉片上面會呈現橙色、橘色、紅色的橢圓形的小斑點，之後會破裂長出一些粉，像是生銹的鐵屑，那是他的孢子，會隨著水還有風來進行傳播。

防治法

看到比較嚴重病斑的葉片或植株，就一定要拔除，保持良好的通風也很重要。

他跟白粉病的防治方法也很像，比如礦物油、窄域油這一類的油類把他的孢子覆蓋住，讓它失去活性，來達到防治的效果。

葉蟎

1 2 3 4 5 6 7 8 9 10 11 12

葉蟎體長只有 0.2-0.4mm，繁殖速度很快，一旦孳生太多就會像蜘蛛一樣結出網。葉蟎是吸汁式的害蟲，主要附著在葉背吸食汁液，葉子就會呈現泛白，導致光合作用難以進行，影響正常生長。所以葉片的色澤變淡，或出現如蜘蛛絲纏繞的情況，那有可能是感染的葉蟎。常見的有神澤氏葉蟎（俗稱紅蜘蛛）、二點葉蟎（俗稱白蜘蛛）、茶葉蟎及赤葉蟎等。鳳仙花、芳香萬壽菊、玫瑰、齒葉冬青、桂花等都容易受害。

防治法

養成時常觀察葉片背面的習慣，植株間保持適當的間隔，避免密植，以維持良好的通風環境。葉蟎不耐濕氣，所以在他們剛開始出現時，在葉片背面進行灑水，可以達到抑止的效果。

長壽花病蟲害

長壽花屬於多肉植物的一種，耐乾旱避免澆水過多，土壤有濕即可，千萬別過度澆水尤其冬天和開花後。平常就要檢查植株的生長情況如果發現像被撒了麵粉一樣長出白色黴菌，漸漸地整片葉子都會被黴菌覆蓋導致新芽發不出來，生長情況也跟著惡化，就要趁早切除發病的位置，同時要避免密植，定期修剪過於茂密的枝葉，以保持良好的通風與日照。特別注意的是，不要添加過量的氮肥。另外，如果枝葉出現傷口，會引起昆蟲在上面產卵，隨著枝條的生長，傷口也會跟著裂開，成為原菌入侵感染處，必須特別注意。一旦發現葉片出現病蟲害時，就要趕緊剪除，避免病蟲害的情況擴散。而長壽花常見的病蟲害包括：白粉病、炭疽病、葉蟎等等。

Data

主要病害 炭疽病、葉斑病、白粉病

主要蟲害 介殼蟲、葉蟎、蚜蟲

發生時間 炭疽病好發期為 6—9 月；葉斑病 3—10 月；灰黴病 12 月—4 月；白粉病則為全年。

主要防治方式

看到葉片上面有病斑出現，就要趕快剪除且針對重點部位用亞磷酸來增加植物的抗性，也可以用波爾多液來進行防治。

葉蟎的防治，平時要養成觀察葉片背面的習慣，植株間保持適當的間隔，避免密植，以維持良好的通風環境。葉蟎不耐濕氣，所以在剛開始發現時，在葉片背面灑水，可以達到抑止的效果。

長壽花最常見的病毒是花葉病毒，可以在葉片上發現到馬賽克斑點或斑塊且表面凹凸不平。

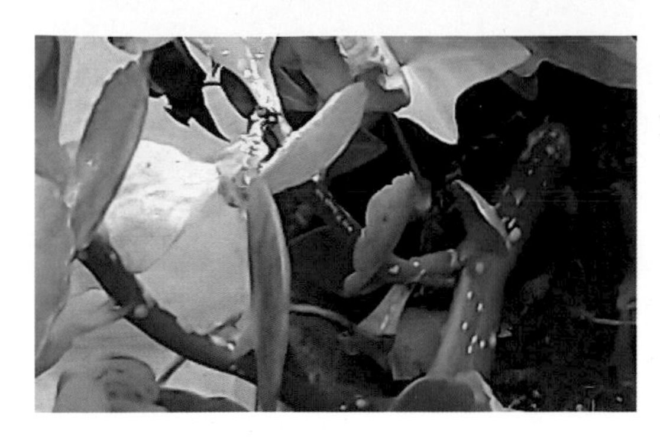

白粉病

1 2 3 4 5 6 7 8 9 10 11 12

是一種常見的真菌性病害，可以在葉片、葉柄還有一些比較嫩的葉片上面看到它的蹤跡。一開始是一塊圓形的白灰色的病斑，最後病斑聚集在一起變成一整片覆蓋整個葉片影響到光合作用，造成葉片枯死。上面的白色粉末是他的菌絲跟孢子。隨著風飄散感染其他的部位或其他的植株。

防治法

白粉病很常見，也算比較好防治的病害，它喜歡乾燥的環境，所以可以用灑水達到防治的效果。保持好濕度它的好發率就不會那麼高。另外，除了這個用水做為防治的方式，還可以在剛種下去的植物噴市售的波爾多液，也就是亞磷酸跟氫氧化鉀混合液來做防治，每隔 7 天 次連續 2-3 次，可以誘導植物啟動它的防禦機制來對抗這些病害。

葉蟎類

1 2 3 4 5 6 7 8 9 10 11 12

葉片的色澤變淡，或出現如蜘蛛絲纏繞的情況，那有可能是感染了葉蟎。常見的有神澤氏葉蟎（俗稱紅蜘蛛）、二點葉蟎（俗稱白蜘蛛）、茶葉蟎及赤葉蟎等。

炭疽病

1 2 3 4 5 6 7 8 9 10 11 12

炭疽病很容易造成葉片上面的危害。還有對於蔬果類的果實也具有一定的傷害性。尤其如果在果實蔓延開來，會影響到收成。對於觀葉植物來說，就會嚴重影響到外觀，甚至會造成植株死亡，在龜背芋、粗勒草、鵝掌藤也都很常見。

防治法

如果看到葉片上面有炭疽病的病斑出現，就要趕快把他拔除，或者是說看到一點一點的病斑時就針對重點部位開始噴藥來進行防治。另外，使用有機無毒的資材，例如肉桂油、波爾多液、石灰硫磺合劑都可以拿來做使用。波爾多液的製作方式，請參考 P30。

牠的體長只有 0.2-0.4mm，繁殖速度很快，一旦孳生太多就會像蜘蛛一樣結出網。主要附著在葉背吸食汁液，葉片會出現白色斑點，斑點過多葉子就會泛白，影響光合作用。鳳仙花、萬壽菊、玫瑰、齒葉冬青、桂花等都容易受害

防治法

養成時常觀察葉片背面的習慣，植株間保持適當的間隔，避免密植，以維持良好的通風環境。葉蟎不耐濕氣，所以在牠們剛開始出現時，如果在葉片背面灑水，可以達到抑止的效果。

紫鳳凰病蟲害

經常可以在紫鳳凰上看到帶有金屬光澤的金花蟲，牠會啃食花葉，造成孔洞。

種植紫鳳凰時適合陽光充足的環境，但如果一開始種的是幼株，則先從半日照開始，以免發生葉片因缺水而導致枯萎的情況。種植時也要避免盆土積水，所以要選有孔洞容易排水的為佳，可以先在底部鋪上一層發泡煉石增加其排水性，選用的介質也要以排水性佳為首選，可以泥炭土：珍珠石：蛭石＝2：1：1來進行調配，表面土壤可以鋪上樹皮、火山岩、綠沸石。平常就要檢查植株的生長情況，一旦發現葉片出現病蟲害時，就要立刻拔除，避免病蟲害的情況擴散。

蚜蟲

1 2 3 4 5 **6 7 8 9** 10 11 12

蚜蟲的排泄物會引誘螞蟻靠近，所以只要在枝條看到爬上爬下的螞蟻，表示有蚜蟲的存在。蚜蟲不只會吸食植物的汁液，造成葉縮，且黏稠的排泄物會成為黴菌的養分，也可能導致煤煙病發生。

防治法

蚜蟲吸取病株的汁液後，會經由吸取其他健康植株的汁液而形成傳染，所以一旦發現有植株發病，必須立刻連同其他受感染的植物一起拔除。但如果蚜蟲聚集，表示植物已無法倖免。建議從幼苗期開始，利用蚜蟲厭光的特性，鋪上銀黑色塑膠布，防止蚜蟲飛入。另外，使用後的剪刀或刀具等都必須消毒。

Data

主要病害　蚜蟲

發生時間　3月到10月

主要防治方式

如果看到葉片上面出現病斑，除了要趕快拔除外，在看到一點一點的病斑時，就要好好的針對重點部位開始噴藥來進行防治。

含笑 病蟲害

含笑花的生長環境適合高溫多濕，且日照要充足，因為一旦日照不足，會影響到開花。含笑需要疏鬆且肥沃的介質。平常就要檢查植株的生長情況，一旦發現葉片出現病蟲害時，就要趕緊剪除，避免病蟲害的情況擴散。含笑常見的病蟲害包括：炭疽病、葉斑病、黑斑病、白粉病、粉蝨、介殼蟲、蚜蟲等。

除了病蟲害之外，比較常見是出現下部葉片出現變黃脫落，有可能是因為水肥不足所導致。另外，如果葉片出現褪色，可以先檢查水分或光照是否足夠，要適當給水，還要放到陽光充足處來獲得改善。

Data

主要病害 炭疽病、葉斑病、黑斑病、白粉病

主要蟲害 粉蝨、介殼蟲、蚜蟲

發生時間 白粉病基本上在春天跟秋天氣候上比較乾燥，光線沒有那麼充足的環境下危害會比較嚴重，所以在春秋兩季要開始進行防治。

主要防治方式

白粉病很常見，也算比較好防治的病害，它喜歡乾燥的環境，所以可以用灑水達到防治的效果。在剛種下去的植物噴市售的波爾多液，也就是亞磷酸跟氫氧化鉀混合液來做防治，每隔 7 天一次連續 2-3 次，可以誘導植物啟動它的防禦機制來對抗這些病害。

在含笑的葉子經常可以發現螳螂之類的昆蟲在葉片上吸食汁液，因此葉子就會出現各種被啃咬過的痕跡，導致光合作用難以進行而影響正常生長。

炭疽病

1 2 3 4 5 **6 7 8 9** 10 11 12

炭疽病很容易造成葉片上面的危害。還有對於果實也具有一定的傷害性。尤其如果在果實蔓延開來，會影響到收成。對於觀葉植物來說，就會嚴重影響到外觀，甚至會造成植株死亡，在龜背芋、粗勒草、鵝掌藤也都很常見。

防治法

如果看到葉片上面有炭疽病的病斑出現，就要趕快把剪除，或者是說看到一點一點的病斑時就針對重點部位開始噴藥來進行防治。另外，有機無毒的資材，例如肉桂油、波爾多液、石灰硫磺合劑都可以拿來使用。

葉斑病

1 2 **3 4 5 6 7 8 9 10** 11 12

葉斑病主要是危害葉片，在發病初期，葉片表面會出現圓形褐色的水浸狀小斑，之後會擴大為不規則的斑狀，等到罹病嚴重，整個病斑匯集在一起，葉片就會出現局部性的乾枯。

防治法

萬一罹病，一定要把殘渣落葉，或者是罹病太嚴重的葉片把它修剪移除掉。所使用的器具一定要做好消毒，避免雨水飛濺，保持通風以及良好的排水。防治上面可以用波爾多液，或者是蕈狀芽孢桿菌。

芳香萬壽菊 病蟲害

猿葉蟲會附著在葉片上吸食汁液，葉子就會出現各種被啃咬過的痕跡，如此會導致光合作用難以進行而影響正常生長。

Data

主要病害 灰黴病、褐斑病

主要蟲害 葉蟎、粉蝨、介殼蟲

發生時間 褐斑病從梅雨季一直到秋天颱風來時；介殼蟲好發期從 11 月到隔年的 5 月

主要防治方式

趁早清除發病的枝條和葉片。澆水時要澆在底部，而不是直接澆在葉片上，發病初期可噴灑蘇力菌等來除蟲。

芳香萬壽菊會開出黃色的花朵，而且只要輕拂過葉片，就可以聞到濃郁的香氣，除了欣賞美麗的花朵，也可以將葉片以熱水沖泡，就能喝到帶有百香果香氣的茶飲。常見的病蟲害，大約在 4-11 月，可以看到很多像是葉蟎或者粉蝨之類的，病情擴散時，整片葉子都會被覆蓋，甚至連莖都會枯萎，新芽也發不出來，連帶影響到生長情況。如果出現這些情況，要趁早剪除發病的位置，並連同落葉清掃乾淨。同時要避免密植，定期修剪過於茂密的枝葉，以保持良好的通風與日照。

葉蟎類

1 2 3 4 5 6 7 8 9 10 11 12

葉片的色澤變淡，或出現如蜘蛛絲纏繞的情況，那有可能是感染了葉蟎。常見的有神澤氏葉蟎(俗稱紅蜘蛛)、二點葉蟎(俗稱白蜘蛛)、茶葉蟎及赤葉蟎等。體長只有 0.2-0.4mm，繁殖速度很快，一旦孳生太多就會像蜘蛛一樣結出網。主要附著在葉背吸食汁液，葉片會出現白色斑點，斑點過多葉子就會泛白，影響光合作用。鳳仙花、萬壽菊、玫瑰、齒葉冬青、桂花等都容易受害

防治法

養成時常觀察葉片背面的習慣，植株間保持適當的間隔，避免密植，以維持良好的通風環境。葉蟎不耐濕氣，所以在剛開始出現時，如果在葉片背面灑水，可以達到抑止的效果。

毛茉莉病蟲害

毛茉莉在初春可以看到開著白色的花朵，靠近聞一下，就可以聞到淡淡的香氣，而開過的花朵會結籽，將其收集起來，之後就可以培育出新的小苗。種植毛茉莉的日照要充足，且需要疏鬆且肥沃的介質，在平常就要檢查植株的生長情況，一旦發現葉片出現病蟲害時，就要趕緊剪除，避免病蟲害的情況擴散。而毛茉莉常見的病蟲害包括：介殼蟲、葉蟎以及捲葉蟲、瘤緣椿象、鳳蝶等等。除了病蟲害之外，比較常見是出現下部葉片出現變黃脫落，有可能是因為水肥不足所導致。另外，如果葉片出現褪色，可以先檢查水分或光照是否足夠，要適當給水，還要放到日照充足的地方來加以改善。

Data

主要病害 介殼蟲、葉蟎、捲葉蟲、瘤緣椿象、鳳蝶

發生時間 介殼蟲全年度都有，比較好發期大概是從 11 月到隔年的5月這個期間。

主要防治方式

通常會用一些油類，它的效果是蠻好的，以物理性包覆他身上的棉絮，另外，可以使用礦物油，比如：窄域油、夏油這一類，一個禮拜噴灑一次連續 4 次，都能夠達到很好的防治效果，還有像是葵無露也可以當成防治對策。

霜降天蛾的幼蟲一開始為漂亮的綠色，而終齡的幼蟲體色就會變為褐色，除了毛茉莉之外，也能在其他草花植物上看到其蹤跡。

介殼蟲

1 2 3 4 5 6 7 8 9 10 11 12

俗名：龜神、白苔。介殼蟲身體扁平橢圓，種類很多，包括吹棉介殼蟲、圓盾介殼蟲等等，危害大同小異，都會吸食葉片、莖的汁液以及果實。影響光合作用且會造成煤煙病的發生。

防治法

通常會用一些油類，像是一些礦物油、窄域油、夏油這一類，進行物理性的包覆，把他身上的棉絮、蟲體的粉弄掉，並把氣孔堵住讓他死掉。都能達到不錯的防治效果，一個禮拜噴灑一次，連續 4 次。另外像是葵無露也不錯。

捲葉蟲

1 2 3 4 5 6 7 8 9 10 11 12

俗名：青蟲、捲心蟲。幼蟲經常會躲在嫩芽或者是尚未展開的嫩葉邊緣，藉以吸食葉片、莖的汁液，如此一來就會影響光合作用的進行，且會造成煤煙病的發生機率。

防治法

可以使用性費洛蒙來防治捲葉蟲，因為性費洛蒙為無毒且微量就有效，主要是安全又不會汙染環境。當然，如果看到幼蟲在葉片上，可以直接將其夾起丟棄即可。

瘤緣椿象

1 2 3 4 5 6 7 8 9 10 11 12

瘤緣椿象也是椿象的種類之一，主要是在嫩葉以及嫩果上面，如果被他刺吸後，新葉的部分會展不開，就算展開也會變得畸形，且被叮咬過的部位，會出現一圈黃黃的，那就是被咬過的痕跡，容易發病的部位就是葉片。

防治法

防治方式，可以用市售的蒜頭煤油來進行防治。如果要自行調配，可以用清水：煤油：洗碗精：蒜泥＝ 5：2： 2：1 的比例進行混合即可。除了瘤緣椿象，對於防治一般的椿象、蚜蟲、青蟲、金龜子、螞蟻等等，也有同樣效果。

鳳蝶類

1 2 3 4 5 6 7 8 9 10 11 12

除了毛茉莉以外，比較常見是在蕓香科這些作物上，只要新稍牠就會來吃。一般來說，全年應該都會發病，但主要還是會配合柑橘類抽新稍時就會過來產卵。容易發病的部位，當然就是新稍跟葉片。

防治法

防治的對策，家庭園藝能夠以防蟲網預防，當然是最好。如果不行，可以用蘇力菌跟矽藻素做為有機無毒的防治。從一月份到入冬，每個禮拜至少噴一次。稀釋的倍數，蘇力菌跟矽藻素通常會大概使用 1000 倍左右。

玉蝶花病蟲害

玉蝶花在初春可以看到開著白色的花朵，靠近聞一下，就可以聞到淡淡的香氣，而開過的花朵會結籽，將其收集起來，之後就可以培育出新的小苗。種植的日照要充足，且需要疏鬆且肥沃的介質，在平常就要檢查植株的生長情況，一旦發現葉片出現病蟲害時，就要趕緊拔除，避免病蟲害的情況擴散。而常見的病蟲害包括：蝸牛、赤邊燈蛾、葉蟎等等。除了病蟲害之外，比較常見是出現下部葉片出現變黃脫落，有可能是因為水肥不足所導致。另外，如果葉片出現褪色，可以先檢查水分或光照是否足夠，要適當給水，還要放到日照充足的地方來加以改善。

Data

主要蟲害 蝸牛、赤邊燈蛾、葉蟎

發生時間 蝸牛好發期從 11 月到隔年的 5 月

主要防治方式

蝸牛的防治，可在植株周圍撒上引誘劑，便能更容易捕捉到害蟲。要注意的是避免晚上澆水，以防止夜間出沒的蝸牛入侵。

〔玉蝶花、垂茉莉怎麼區分〕

有一種跟玉蝶花非常像的叫做垂茉莉又叫垂枝茉莉。比較容易區分的方法，就是觀察花梗、花萼的顏色。垂茉莉是綠色，而玉蝶花為紅褐色；垂茉莉的花有香味，清香淡雅：而玉蝶花又有白玉蝴蝶之稱，風一吹來隨之搖曳，遠看就像是蝴蝶翩翩起舞，而兩者都需要充足的肥料以及充足的光照。

赤邊燈蛾

1 2 3 4 5 6 7 8 9 10 11 12

與其他毛毛蟲慢慢蠕動不同，赤邊燈蛾的幼蟲爬行速度可說非常迅速，而且可以爬行的距離也非常的遠，就算爬行數十公尺也不是問題。幼蟲不僅會危害垂茉莉的葉子，同時就連花瓣也不會放過，會大吃特吃。

防治法

養成時常觀察的習慣，植株間保持適當的間隔，避免密植，以維持良好的通風環境。一旦發現赤邊燈蛾的幼蟲，只要將其移除就好。不過因為牠身上有長毛，所以要避免直接用手，而是要使用夾子夾取，以免被毒毛刺傷。另外，只要是毛毛蟲類，都可以使用蘇力菌＋矽藻素來防治，效果最佳。

葉蟎類

1 2 3 4 5 6 7 8 9 10 11 12

葉片的色澤變淡，或出現如蜘蛛絲纏繞的情況，有可能是感染了葉蟎。常見的有神澤氏葉蟎（俗稱紅蜘蛛）、二點葉蟎（俗稱白蜘蛛）、茶葉蟎及赤葉蟎等。體長只有 0.2-0.4mm，繁殖速度很快，一旦孳生太多就會像蜘蛛一樣結網。主要附著在葉背吸食汁液，葉片會出現白色斑點，斑點過多葉子就會泛白，影響光合作用。鳳仙花、萬壽菊、玫瑰、齒葉冬青、桂花等都容易受害。

防治法

養成時常觀察葉片背面的習慣，植株間保持適當的間隔，避免密植，以維持良好的通風環境。葉蟎不耐濕氣，所以在牠們剛開始出現時，如果在葉片背面灑水，可以達到抑止的效果。

蝸牛

1 2 3 4 5 6 7 8 9 10 11 12

會隱身在盆底、落葉或者石頭底下，所以除了要定時的巡視盆栽底部，如有發現蝸牛就立即消滅外，有落葉時要清理乾淨。澆水的量也要控制得宜，避免濕度太高，並且保持良好的通風，盆栽底部要放置接水盤。容易遭受蟲害的植物也包括鐵線蓮、大波斯菊等。

防治法

蝸牛除了會蠶食葉片，花、蕾、新芽也會遭受啃食，因此在植株周圍撒上引矽藻土、鋸木屑、澱粉、石灰等，當蝸牛行經後會附著在體表上，造成體液黏度增加進而影響到行動，能有效避免蝸牛入侵。另外，含有「皂素」的產品像是苦茶粕也可以有效防治，但使用防治蝸牛資材要注意同樣屬於軟體動物的蛞蝓也會受到傷害。

聖誕紅 病蟲害

聖誕紅非常適合放在室內，溫度以 18 － 24℃為佳，所以非常好種植。如果要澆水，要等到土乾後再一次澆到透，底盤要注意，避免積水。如果要進行修剪，要在新芽上方剪斷，若中間花芯變黑，只要進行摘除就好。如果發現介殼蟲之類的病蟲害，要趕快切除發病的位置，同時要避免密植，定期修剪過於茂密的枝葉，以保持良好的通風與日照，若出現枝葉傷口，則會引起病原菌而感染，必須特別注意。

Data

主要病害 褐斑病、灰黴病

主要蟲害 介殼蟲、葉蟎

發生時間 灰黴病會從梅雨季一直到秋天颱風來時；介殼蟲好發期從 11 月到隔年的 5 月

主要防治方式

趁早清除發病的枝條和葉片，再把落葉清掃乾淨，淨空植株的周圍。澆水時要澆在底部，而不是直接澆在葉片上。發病初期噴灑蘇力菌等；如果出現介殼蟲，在防治上通常會使用礦物油、窄域油、夏油這類油，以物理性的包覆，將蟲的氣孔堵住讓他死掉，就能達到不錯的防治效果。

介殼蟲

1 2 3 4 5 6 7 8 9 10 11 12

俗名：龜神、白苔。介殼蟲身體扁平橢圓，種類很多，包括吹棉介殼蟲、圓盾介殼蟲等等，危害大同小異，都會吸食葉片、莖的汁液以及果實。影響光合作用且會造成煤煙病的發生。

防治法

通常會用像是一些礦物油、窄域油、夏油這一類，進行物理性的包覆，把他身上的棉絮、蟲體的粉弄掉，並把氣孔堵住讓他死掉，都能達到不錯的防治效果，一個禮拜噴灑一次，連續 4 次。另外像是葵無露也不錯。

灰黴病

1 2 3 4 5 6 7 8 9 10 11 12

葉片出現宛如浸水般的小斑點，之後逐漸擴散；嚴重者會長出灰色黴菌， 底部腐爛。

防治法

大概就是秋天入冬天，一直到夏天之前都要進行防治。一旦溫度變高了傳播能力就下降。所以要進行防治的話，像是市售的液化澱粉芽孢桿菌這一類的微生物噴在比較容易罹病的部位，它會有一個孢子化的狀態，碰到水後才會激起它的活性形成一個保護膜，達到預防效果，並且隨時隨地注意，看到罹病的葉子就把它摘掉，丟放到塑膠袋後銷毀。另外還有像是波爾多液、木黴菌、碳酸氫鉀、碳酸氫鈉〈小蘇打〉都可以用來防治灰黴病。

防蟲抗病筆記

除了病蟲害 植物一旦缺乏營養素也會產生病態

除了病蟲害之外，植物如果缺乏營養素，也會表現在外觀上，不同的營養元素缺乏，會造成在老葉或新葉表現出不同顏色的徵狀。如果是缺鐵，主要是新葉葉脈間白黃化，缺磷會變深綠或變紅。當這些微量元素不足時，都會導致葉片變黃。甚至葉片變黑、葉片變白等情況，都有可能是缺乏營養素所致。

這些情況發生時可以從以下幾點來加以改善。

1 避免土壤過於貧瘠

對於植物來說，土壤就像我們所吃的食物般重要，因此，我們很容易就能理解到，萬一土壤太過貧瘠，那些植物所需要的營養素必然也會非常匱乏，如此，種出來的植株當然不會油綠健康，因此避免土壤過於貧瘠，讓土壤中的營養素更加均勻，是非常重要的一件事。

2. 避免土壤的酸鹼性失衡

土壤的酸鹼度 pH 值一般 在 4-9 範圍內。而酸鹼度會影響到營養素，比如當土壤偏鹼性，鐵或鎂的有效性會 低。大多 的作物偏愛的酸鹼度在 6.0-6.5 左右，把酸鹼值範圍維持在適合於台灣大多數的植物。

巴西野牡丹 病蟲害

對於喜歡園藝植物的人來說，巴西野牡丹算得上是熱門選項，因為一年四季都在開花，且開出紫色的花朵，非常漂亮。種植巴西野牡丹時，在肥料的選擇上可以在開花前施用含磷肥高的肥料，介質的選擇需要疏鬆的土壤為佳。平常就要檢查植株的生長情況，一旦發現葉片出現病蟲害時，就要趕緊拔除，避免病蟲害的情況擴散。野牡丹比較常見的病蟲害包括：褐斑病、炭疽病、葉枯病、蚜蟲、介殼蟲、葉蟎等都經常可見。

Data

主要病害 褐斑病、炭疽病、葉枯病

主要蟲害 介殼蟲、葉蟎、蚜蟲

發生時間 褐斑病從梅雨季一直到秋天颱風來時；介殼蟲好發期從11月到隔年的5月

主要防治方式

褐斑病防治可以用波爾多液，或者是蕈狀芽孢桿菌。罹病太嚴重的葉片要修剪移除。介殼蟲的防治，通常會用一些礦物油、窄域油、夏油這類油，以物理性的包覆將蟲身上的棉絮或粉弄掉，並且將蟲的氣孔堵住讓他死掉，就能達到不錯的防治效果。

褐斑病

1 2 3 4 **5 6** 7 8 **9 10** 11 12

主要在葉片上會有比較明顯的癥狀，在罹病的部位，會看到像是被油漆隨機噴灑到出現點狀分布，中間是灰的，周圍有黃暈，慢慢擴大後，葉片就會枯萎，這是比較典型的癥狀。蘭花、福祿桐、毬蘭、腎蕨、鳳尾蕨、網紋草、黛粉葉、黃金葛都蠻常見。

防治法

防治上面可以用波爾多液，或者是蕈狀芽孢桿菌。最重要就是萬一罹病，一定要把這些殘渣落葉，或者是罹病太嚴重的葉片把它修剪移除掉。使用的器具一定要做好消毒，避免雨水飛濺，保持通風以及良好的排水。

樹蘭病蟲害

樹蘭在園藝植物裡非常常見，喜歡全日照且溫暖環境，在介質的選擇上以排水良好的介質栽培為佳。如果是盆栽種植，可以仔細觀察葉片，若出現稍微的萎軟再進行澆水，且要一次澆透，讓盆底流出多餘的水，如果是冬天，因為生長變得緩慢，所以要減少給水。在病蟲害上，容易罹患炭疽病，而炭疽病跟早疫病非常像，炭疽病是一個輪紋，外面不會變成淡黃色。此外，中間輪紋的部位，炭疽病會呈現出深褐色。且炭疽病很容易造成葉片或果實上的危害，在梅雨季高溫多濕的環境之下就非常容易好發。

Data

主要病害 炭疽病、白粉病

發生時間 從梅雨季一直到秋天颱風來時

主要防治方式

如果看到葉片上面有炭疽病的病斑出現，就要趕快把他剪除，或者是說看到一點一點的病斑時就針對重點部位開始噴藥來進行防治。因為它在高溫多濕的情況下會傳播，所以下雨天病害發生的嚴重程度會提高很多，所以要排水良好。另外，使用有機無毒的資材，例如肉桂油、波爾多液、石灰硫磺合劑都可以。

炭疽病

1 2 3 4 5 6 7 8 9 10 11 12

炭疽病很容易造成葉片上面的危害。還有對於果實也具有一定的傷害性。尤其如果在果實蔓延開來，會影響到收成。對於觀葉植物來說，就會嚴重影響到外觀，甚至會造成植株死亡，在龜背芋、粗勒草、鵝掌藤也都很常見。

防治法

如果看到葉片上面有炭疽病的病斑出現，就要趕快把他拔除，或者是說看到一點一點的病斑時就針對重點部位開始噴藥來進行防治。另外，有機無毒的資材，例如肉桂油、波爾多液或者石灰硫磺合劑都可以拿來使用。

彩葉草病蟲害

彩葉草的顏色相當繽紛，有藍、紫、粉紅等等，雖然是觀賞多彩的葉片，不過其實彩葉草是會開花的。適合半日照的種植，一旦光線太弱，會影響到彩色葉片花紋的美麗。所使用的介質以濕潤且肥沃的土壤比較好。彩葉草發生病蟲害的機會比較小，比較常見的是灰黴病，一旦發生，常會在葉片上看到有如浸水般的淡褐色和黑紫色病斑，之後逐漸擴大、轉為黃色，然後落葉。病情擴散時，連莖都會枯萎。如果出現這些情況，要趁早剪除發病的部位，最好連同落葉一起清掃乾淨。同時也要避免密植，並且定期修剪過於茂密的枝葉，以保持良好的通風與日照。

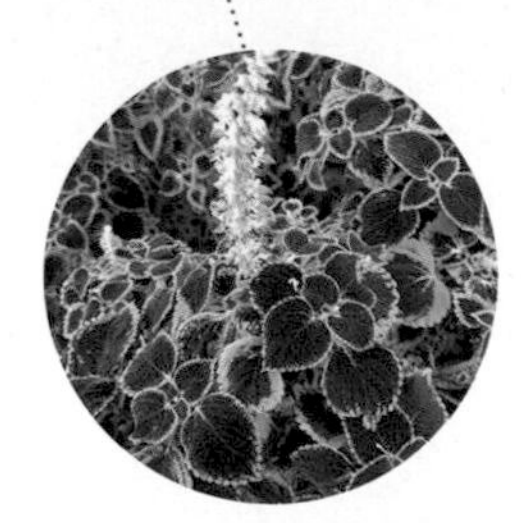

除了可以欣賞到顏色鮮豔的葉片之外，彩葉草也能開出非常與眾不同的花朵。

Data

主要病害 灰黴病、褐斑病

發生時間 灰黴病從梅雨季一直到秋天颱風來時

主要防治方式

趁早清除發病的枝條和葉片，再把落葉清掃乾淨，淨空植株的周圍。澆水時要澆在底部，而不是直接澆在葉片上，發病初期噴灑蘇力菌等。

灰黴病

1 2 3 4 5 6 7 8 9 10 11 12

葉片出現宛如浸水般的小斑點，之後逐漸擴散；嚴重者會長出灰色黴菌， 底部腐爛。花瓣也會長出小斑點，並逐漸腐爛。

防治法

秋天入冬天一直到夏天之前都要進行防治。一旦溫度變高了傳播能力就下降。所以要進行防治的話，像是市售的液化澱粉芽孢桿菌這一類的微生物噴在比較容易罹病的部位，它會有一個孢子化的狀態，碰到水後才會激起它的活性形成一個保護膜，達到預防效果，並且隨時隨地注意，看到罹病的葉子就把它摘掉，丟放到塑膠袋後銷毀。另外還有像是波爾多液、木黴菌、碳酸氫鉀、碳酸氫鈉〈小蘇打〉都可以用來防治灰黴病。

毬蘭病蟲害

毬蘭的種植時間如果夠久，就可以欣賞到他由許多小花所組成如圓球般的可愛花朵。適合半日照的種植方式，要避免盆土積水，一定要選有孔洞容易排水的為佳，可以先在底部鋪上一層煉石增加其排水性，選用的介質也要以排水性佳為首選，可以泥炭土：珍珠石：蛭石＝2：1：1來進行調配。病蟲害的發生機會，往往是在開花時期，會吸引大批的蚜蟲以及粉介殼的光臨。葉片比較常見的是灰黴病，一旦發生，常會在葉片上看到有如浸水般的淡褐色和黑紫色病斑，之後逐漸擴大、轉為黃色，然後落葉。如果出現這些情況，要趁早剪除發病的部位，同時也要避免密植，並且定期修剪過於茂密的枝葉，以保持良好的通風與日照。

Data

主要蟲害 夾竹桃蚜

發生時間 3月到10月

主要防治方式

如果看到葉片上面出現蚜蟲的蹤影，除了要趕快拔除外，或者可以使用強力水柱進行噴灑，或者針對重點部位開始噴藥來進行防治。

夾竹桃蚜

1 2 3 4 5 6 7 8 9 10 11 12

夾竹桃蚜的排泄物會引誘螞蟻靠近，所以只要在枝條看到爬上爬下的螞蟻，表示有蚜蟲的存在。蚜蟲不只會吸食植物的汁液，也會成為嵌紋病等病毒性疾病的媒介。 黏稠的排泄物會成為黴菌的養分，也可能導致煤煙病發生。

防治法

夾竹桃蚜吸取病株的汁液後，會經由吸取其他健康植株的汁液而形成傳染，所以一旦發現有植株發病，必須立刻連同其他受感染的植物一起剪除。但如果夾竹桃蚜聚集，表示植物已無法倖免。建議從幼苗期開始，使用防蟲網。也可以利用蚜蟲厭光的特性，鋪上銀黑色塑膠布，防止蚜蟲飛入。另外，使用後的剪刀或刀具等都必須消毒。

介殼蟲

1 2 3 4 5 6 7 8 9 10 11 12

俗名：龜神、白苔。介殼蟲身體扁平橢圓，種類很多，包括桔粉介殼蟲、棉介殼蟲、圓盾介殼蟲等等，危害大同小異，都會吸食葉片、莖的汁液以及果實。影響光合作用且會造成煤煙病的發生。

防治法

通常會用，像是一些礦物油、窄域油、夏油這一類，進行物理性的包覆，把他身上的棉絮、蟲體的粉弄掉，並把氣孔堵住讓他死掉。都能達到不錯的防治效果，一個禮拜噴灑一次，連續 4 次。另外像是葵無露也不錯。（製作方式，請參考 P32）

椿象

1 2 3 4 5 6 7 8 9 10 11 12

當椿象被觸碰到時，常會射出臭液，因此不僅會造成葉片灼傷，一旦接觸到皮膚或眼睛，就有可能引起過敏，且味道奇臭無比。他們的種類非常多，不論在體型大小上，或者在外觀的紋路或身體顏色都不盡相同。會對植物造成的影響，在於新芽、葉，不僅會造成生長遲緩，也有可能導致整個植株枯死。

防治法

養成隨時觀察植物的習慣，一旦發現幼蟲和成蟲就立刻撲滅。他們會藏身在落葉底下或雜草地，並且能在這些地方越冬，所以落葉和雜草的清理要徹底執行。但如果看到的椿象是紅色的，可能是紅姬緣椿象，就無需防治不會造成危害。

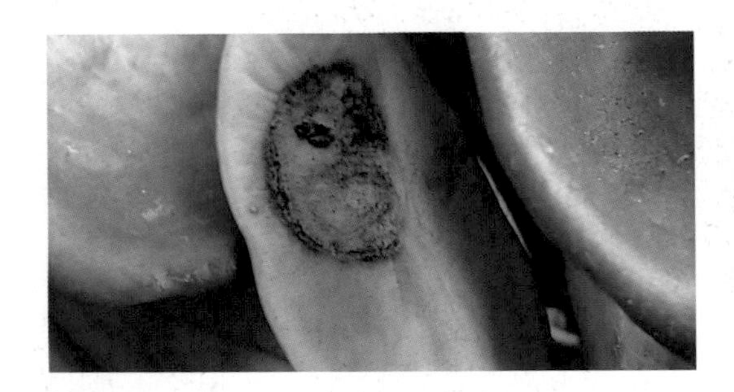

灰黴病

1 2 3 4 5 6 7 8 9 10 11 12

葉片出現宛如浸水般的小斑點，之後逐漸擴散；嚴重者會長出灰色黴菌， 底部腐爛。花瓣也會長出小斑點，並逐漸腐爛。容易感染的植物包括：玫瑰、杜鵑、石楠花、圓三色堇等等

防治法

如果放置不管的話，受害程度會持續擴大，因此一發現病徵，就要立刻清除發病的葉子或花的部分，以免其他地方沾附到病菌而一發不可收拾。

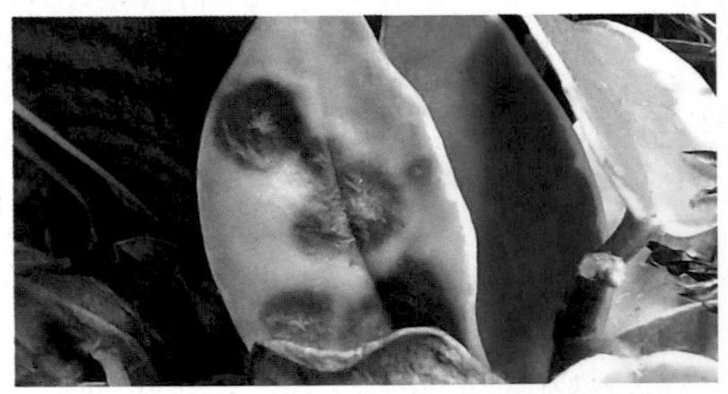

炭疽病

1 2 3 4 5 6 7 8 9 10 11 12

炭疽病很容易造成葉片上面的危害。還有對於果實也具有一定的傷害性。尤其如果在果實蔓延開來，會影響到收成。對於觀葉植物來說，就會嚴重影響到外觀，甚至會造成植株死亡，在龜背芋、粗勒草、鵝掌藤也都很常見。

防治法

如果看到葉片上面有炭疽病的病斑出現，就要趕快把他剪除，或者是說看到一點一點的病斑時就針對重點部位開始噴藥來進行防治。另外，使用有機無毒的資材，例如肉桂油、波爾多液、石灰硫磺合劑都可以拿來做使用。

蘭花病蟲害

蘭花的品種很多，且與其他開花植物相比之下，蘭花其實並不需要太多水分，原則是以介質乾了再一次性澆透，同時也要考量到環境以及季節，濕度夠的時候，也要減少澆水次數。在介質上可以選擇水苔、松針土、苔蘚、蕨根、樹皮塊等等來增強透氣。種植蘭花所使用的容器，一定要選有孔洞容易排水的為佳。平常就要檢查植株的生長情況，一旦發現葉片出現蟲害，比如介殼蟲，就要立刻抓除，若有病害的情況，也要立刻拔除，避免擴散。蘭花常見的病害為炭疽病、灰黴病、疫病等等。

Data

主要病害 炭疽病、白絹病、軟腐病、灰黴病、疫病、褐斑病、病毒病，以炭疽病、白絹病居多。

發生時間 梅雨季是炭疽病的好發期

主要防治方式

使用有機無毒的資材，例如波爾多液、石灰硫磺合劑都可以拿來使用。另外，如果看到葉片上面出現病斑，除了要趕快拔除外，在看到一點一點的病斑時，就要好好的針對重點部位開始噴藥來進行防治。

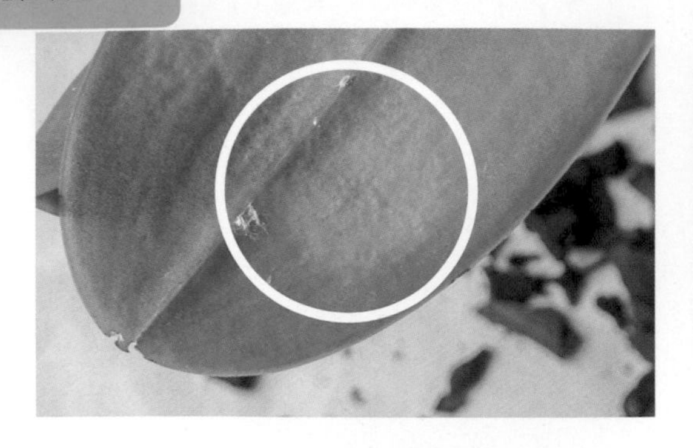

介殼蟲

1 2 3 4 5 6 7 8 9 10 11 12

俗名：龜神、白苔。介殼蟲身體扁平橢圓，種類很多，包括桔粉介殼蟲、棉介殼蟲、圓盾介殼蟲等等，危害大同小異，都會吸食葉片、莖的汁液，影響光合作用且會造成煤煙病的發生。

防治法

通常會用像是一些礦物油、窄域油、夏油這一類，進行物理性的包覆，把他身上的棉絮、蟲體的粉弄掉，並把氣孔堵住讓他死掉。都能達到不錯的防治效果，一個禮拜噴灑一次，連續 4 次。另外像是葵無露也不錯。

灰黴病

1 2 3 4 5 6 7 8 9 10 11 12

葉片出現宛如浸水般的小斑點，之後逐漸擴散；嚴重者會長出灰色黴菌， 底部腐爛。花瓣也會長出小斑點，並逐漸腐爛。

防治法

如果放置不管的話，受害程度會持續擴大，因此一發現病徵，就要立刻清除發病的葉子或花的部分，以免其他地方沾附到病菌而一發不可收拾。隨時隨地注意，看到罹病的葉子就把它摘掉，丟放到塑膠袋後銷毀。另外還有像是波爾多液、木黴菌、碳酸氫鉀、碳酸氫鈉〈小蘇打〉都可以用來防治灰黴病。

疫病

1 2 3 4 5 6 7 8 9 10 11 12

疫病罹病的狀況，最典型就是葉片上會有一些水浸狀，不規則的病斑出現，且組織會比較軟爛，會有一些菌絲跑出來。莖基部也會有，出現褐色病斑，一旦感染，會皺縮導致植物就沒辦法吸收水分而死亡。

防治法

全年都要做好防治。尤其在高溫多濕的情況下會傳播。另外，看到葉片上面有病斑出現，就要趕快拔除且針對重點部位用亞磷酸來增加植物的抗性。也可以用波爾多液來進行防治。

葉枯病

1 2 3 4 5 6 7 8 9 10 11 12

從葉尖長出往底部逐漸擴散的淡褐色病斑，不久轉為灰白色。症狀和褐斑病類似，不同之處是會在初夏落葉。剪除發病的葉片。病斑部分如果擴大時，葉片會紛紛掉落，落葉也要清除乾淨。過於茂密的枝葉必須定期修剪與整枝，以維持通風良好。

防治法

如果看到葉片上面有病斑出現，就要趕快拔除，或是說看到一點一點的病斑時就針對重點部位開始噴藥，例如波爾多液等來進行防治。另外，一開始選用健康的植栽，環境上要避免高濕，也要注意通風的問題。

軟腐病

1 2 3 4 5 6 7 8 9 10 11 12

植物受到感染會造成軟軟爛爛的現象，尤其當環境濕度比較高時，更容易被感染，表現出來的癥狀會從一個小圓點開始，出現水浸狀，並以同心圓的方式向外擴散，整個組織變得水水的。同時因為是細菌感染，所以會有惡臭。

防治法

4—5 月就要開始做好防護措施。另外，盆栽的盆子裡面不要積水，儘量排水要做好，以免根部長期泡在水裡面而導致爛根。另外，施肥時氮肥不可以太多，因為如果氮肥太多，植株會長太快，一旦組織長太快，細胞間就比較鬆散，病害就容易入侵。

褐斑病

1 2 3 4 5 6 7 8 9 10 11 12

主要在葉片上會有比較明顯的癥狀，在罹病的部位，會看到像是被油漆隨機噴灑到出現點狀分布，中間是灰的，周圍有黃暈，慢慢擴大後，葉片就會枯萎，這是比較典型的癥狀。蘭花、福祿桐、毬蘭、腎蕨、鳳尾蕨、網紋草、黛粉葉、黃金葛都蠻常見。

防治法

防治上面可以用波爾多液，或者是蕈狀芽孢桿菌。最重要就是萬一罹病，一定要把這些殘渣落葉，或者是罹病太嚴重的葉片把它修剪移除掉。所使用的器具一定要做好消毒，避免雨水飛濺，保持通風以及良好的排水。

PART.4

植物診療室在我家
〔庭園花木〕病蟲害防治對策

杜鵑 病蟲害

3月是杜鵑花盛開的季節，且隨著花色的不同，讓整體視覺更增添許多繽紛。種植杜鵑時，可以半日照，如果是全日照的話要避免溫度過高，以免損傷葉片。杜鵑需要疏鬆且肥沃的介質，最好可以偏微酸性的土壤。平常就要檢查植株的生長情況，一旦發現葉片出現病蟲害時，就要趕緊剪除，避免病蟲害的情況擴散。而杜鵑常見的病蟲害包括：褐斑病、細菌性斑點，在花苞上也會看到餅病這類的病害，軍配蟲是杜鵑的主要蟲害。另外，要特別注意的是杜鵑全株有毒，若有碰到汁液，一定要先洗手才能吃東西，以免誤食而中毒。

Data

主要病害　褐斑病、細菌性斑點

主要蟲害　軍配蟲、葉蟎、葉蜂

發生時間　褐斑病從梅雨季一直到秋天颱風來時；介殼蟲好發期從11月到隔年的5月

主要防治方式

褐斑病防治可以用波爾多液，或者是蕈狀芽孢桿菌。罹病太嚴重的葉片要修剪移除。介殼蟲的防治，通常會用礦物油、窄域油、夏油這類油，以物理性的包覆將蟲身上的棉絮或粉弄掉，將蟲的氣孔堵住讓他死掉，就能達到不錯的防治效果。

餅病

1 2 3 4 5 6 7 8 9 10 11 12

主要症狀是新葉或是花朵像烤年糕似的膨大，接著被白粉覆蓋，最後轉為褐色、腐爛。而所謂的白粉其實是黴菌的孢子，到處飛散的結果會造成更大的損害擴大、顏色轉為褐色，最後腐爛。梅雨季和濕度高的時候，容易誘發黴菌孳生。

防治法

如果看到葉片上面有病斑出現，就要趕快把他拔除，或者是說看到一點一點的病斑時就針對重點部位開始噴藥來進行防治。另外，有機無毒的資材，例如波爾多液、石灰硫磺合劑都可以拿來做使用。

褐斑病

1 2 3 4 5 6 7 8 9 10 11 12

主要在葉片上會有比較明顯的癥狀，在罹病的部位，會看到像是被油漆隨機噴灑到出現點狀分布，中間是灰的，周圍有黃暈，慢慢擴大後，葉片就會枯萎，這是比較典型的癥狀。蘭花、福祿桐、毬蘭、腎蕨都蠻常見。

防治法

防治上面可以用波爾多液，或者是蕈狀芽孢桿菌。最重要就是萬一罹病，一定要把這些殘渣落葉，或者是罹病太嚴重的葉片把它修剪移除掉。

軍配蟲

1 2 3 4 5 6 7 8 9 10 11 12

杜鵑軍配蟲是最常見的害蟲，極具擴散能力，通常會躲在葉背刺吸葉片，而造成葉面有白色斑點。所以最好能在蒙上白粉之前盡速的切除病葉，並且修剪過於茂密的枝葉，以改善通風與日照。澆水時要澆在底部，不要直接澆在葉子上。

防治法

軍配蟲殘留的排泄物為黑色顆粒，容易引發煤斑病，若要預防可用苦楝油噴灑葉背，如果是初期，可以用水強力驅離。

黃化病

1 2 3 4 5 6 7 8 9 10 11 12

除了病蟲害之外，植物如果缺乏營養素，也會表現在外觀上，不同的營養元素缺乏，會造成在老葉或新葉表現出不同顏色的徵狀。如果是缺鐵，主要是新葉葉脈間白黃化，缺磷會變深綠或變紅。當這些微量元素不足時，都會導致葉片變黃。

防治法

對於植物來說，土壤就像我們所吃的食物般重要，萬一土壤太過貧瘠，種出來的植株當然不會油綠健康，因此避免土壤過於貧瘠，讓土壤中的營養素更加均勻，是非常重要的一件事。

桂花病蟲害

走在路上，不經意的就會聞到隨風飄來的陣陣桂花香，尤其台灣現在種植的都是四季桂，所以時不時的就能聞到。種植時要經常進行修剪，且最好在春天進行，一來可以避免雜亂感，二來可以防止枝葉長太密的情況發生。因為桂花的病蟲害算很多，所以平常就要檢查植株的生長情況，一旦發現葉片出現病蟲害時，就要趕緊剪除，避免病蟲害的情況擴散。而桂花常見的病蟲害包括：葉枯病、褐斑病、炭疽病、蚜蟲、介殼蟲、葉蟎等等。

除了病蟲害之外，比較常見是出現下部葉片出現變黃脫落，有可能是因為水肥不足所導致。另外，如果葉片出現褪色，可以先檢查水分或光照是否足夠，要適當給水，還要放到室內明亮處來獲得改善。

Data

主要病害 葉枯病、褐斑病、炭疽病

主要蟲害 介殼蟲、葉蟎、蚜蟲

發生時間 褐斑病從梅雨季一直到秋天颱風來時；介殼蟲好發期從 11 月到隔年的 5 月

主要防治方式

褐斑病防治可以用波爾多液，或者是蕈狀芽孢桿菌。罹病太嚴重的葉片要修剪移除。介殼蟲的防治，通常會用一些礦物油、窄域油、夏油這類油，以物理性的包覆將蟲身上的棉絮或粉弄掉，將蟲的氣孔堵住讓他死掉，就能達到不錯的防治效果。

很常看到毒蛾類的昆蟲在棲息在葉片上，這時最好檢查一下，是否有在葉片上產卵。

介殼蟲

1 2 3 4 5 6 7 8 9 10 11 12

俗名：龜神、白苔。介殼蟲身體扁平橢圓，種類很多，包括吹棉介殼蟲、圓盾介殼蟲等等，危害大同小異，都會吸食葉片、莖的汁液以及果實。影響光合作用且會造成煤煙病的發生。

防治法

通常會用一些礦物油、窄域油、夏油這一類，進行物理性的包覆，把他身上的棉絮、蟲體的粉弄掉，並把氣孔堵住讓他死掉。都能達到不錯的防治效果，一個禮拜噴灑一次，連續 4 次。另外像是葵無露也不錯。

黑粉蝨

1 2 3 4 5 6 7 8 9 10 11 12

黑粉蝨是刺吸式的，會刺到植物組織裡面吸取汁液，之後會分泌蜜露，進而吸引螞蟻或其他昆蟲過來，就會造成植物上出現黏液，就是我們所謂的煤煙病，影響到光合作用。

防治法

防治的對策。防治的對策上面，粉蝨比較好防治，可以用一些油類，像是窄域油、樟腦油或是甘菊精油這一類的油類去做防治。除了油類，也可以用葵無露。葵無露就是使沙拉油，再加上洗碗精，加水搖一搖乳化而成。

葉蟎類

1 2 3 4 5 6 7 8 9 10 11 12

葉片的色澤變淡，或出現如蜘蛛絲纏繞的情況，那有可能是感染了葉蟎。體長只有 0.2-0.4mm，繁殖速度很快，一旦孳生太多就會像蜘蛛一樣結出網。主要附著在葉背吸食汁液，葉片會出現白色斑點，斑點過多葉子就會泛白，影響光合作用。

防治法

養成時常觀察葉片背面的習慣，植株間保持適當的間隔，避免密植，以維持良好的通風環境。葉蟎不耐濕氣，所以在牠們剛開始出現時，如果在葉片背面灑水，可以達到抑止的效果。

葉枯病

1 2 3 4 5 6 7 8 9 10 11 12

葉枯病主要為害於葉、柄。一旦葉片受害，會產生褐色小斑，之後會逐漸擴大成不規則病斑，表面會呈現淡褐色，在葉片的反面，則呈現出紅褐色甚至是黑色，當嚴重發病時病斑會布滿整個葉面，直到植株枯死。

防治法

防治上面可以用波爾多液，或者是蕈狀芽孢桿菌。最重要就是萬一罹病，一定要把這些殘渣落葉，或者是罹病太嚴重的葉片把它修剪移除掉。器具一定要做好消毒，避免雨水飛濺，保持通風以及良好的排水。

炭疽病

1 2 3 4 5 **6 7 8 9** 10 11 12

炭疽病很容易造成葉片上面的危害。還有對於果實也具有一定的傷害性。尤其如果在果實蔓延開來，會影響到收成。對於觀葉植物來說，就會嚴重影響到外觀，甚至會造成植株死亡，在龜背芋、粗勒草、鵝掌藤也都很常見。

防治法

如果看到葉片上面有炭疽病的病斑出現，就要趕快把他拔除，或者是說看到一點一點的病斑時就針對重點部位開始噴藥來進行防治。另外，使用有機無毒的資材，例如肉桂油、波爾多液、石灰硫磺合劑都可以。

褐斑病

主要在葉片上會有比較明顯的癥狀，在罹病的部位，會看到像是被油漆隨機噴灑到出現點狀分布，中間是灰的，周圍有黃暈，慢慢擴大後，葉片就會枯萎，這是比較典型的癥狀。蘭花、福祿桐、毬蘭、腎蕨、鳳尾蕨、網紋草、黛粉葉、黃金葛都蠻常見。

防治法

防治上面可以用波爾多液，或者是蕈狀芽孢桿菌。最重要就是萬一罹病，一定要把這些殘渣落葉，或者是罹病太嚴重的葉片把它修剪移除掉。使用的器具一定要做好消毒，避免雨水飛濺，保持通風以及良好的排水。

銹病

1 2 3 4 **5 6 7 8** 9 10 11 12

桂花最常見的病蟲害非銹病莫屬，好發於夏天，尤其在氣候溫暖多濕時最容易發病，銹病屬於真菌，會在葉片的上面或者背面會出現許多暗橘色的小斑點，斑點破裂後，會噴出橘黃色的粉狀孢子，且數量一多，葉片就會變得很髒、很醜，影響觀瞻，甚至導致葉片掉光。染病的桂花雖然不會死，但是會影響到光合作用的進行，也容易遭受其它病菌的侵襲，更容易讓感染擴散。

防治法

一般來說，環境一定要通風，枝葉一定要做修剪，儘量讓葉片跟葉片之間有有空隙，讓風可以流動，這樣子就比較不會傳播。另外，一些枯枝要隨時剪除清理乾淨，因為牠很容易在老葉上，造成老葉的枯黃掉落，這樣牠又會開始繁殖，所以把那些枯掉或有病葉的全部都帶走，再噴一些油類防治，用的倍數大概是 800-1000 倍。苦楝油、窄域油、印楝油這一類會比較有效。

白水木病蟲害

白水木是近期很夯的植物，是很多室內設計師很喜歡用來提升設計空間感的園藝植物之一。但其實他比較適合放在陽光充足的環境，最好能夠有全日照。種植所使用的介質，以排水良好的砂質壤土為主。因此要好好觀察，如果介質乾了，就要進行澆水。白水木的病蟲害比較少，如果發生如潛葉蠅之類的蟲害，要趁早切除發病的位置，並連同落葉清掃乾淨，並且定期修剪過於茂密的枝葉，以保持良好的通風與日照。

Data

主要病害 褐斑病、炭疽病

主要蟲害 潛葉蠅

發生時間 一年四季都有可能發生

主要防治方式

所以平常要多觀察植物，以便及早發現出現在葉片的白色條紋，一旦發現時，就立刻將停留在條紋前端的幼蟲和蛹捏死，並且連葉片一起摘除回收。

斑潛蠅屬

1 2 3 4 5 6 7 8 9 10 11 12

又稱繪圖蟲，容易發生的部位在葉片，被啃食的部位會留下有如圖畫般的白色紋路。幼蟲則會潛入葉中開始不規則的啃食，所到之處就會留下白色的線痕，讓葉片整體美觀大大的降低，還會導致葉片枯萎，所以一發現就要立刻清除發病處。還要保持良好的通風以及日照，避免密植。

防治法

循著白色線痕的前端尋找幼蟲，當受害程度變嚴重時，葉片整體都會被啃食、發白，導致發育不良。所以平常要多觀察植物，以便及早發現出現在葉片的白色條紋，一旦發現時，就立刻將停留在條紋前端的幼蟲和蛹捏死，並且連葉片一起摘除回收。

雞蛋花病蟲害

雞蛋花又稱為緬梔，他的花期很長，大概從 4 月 -11 月，花朵很大，且帶著淡淡的香氣。種植雞蛋花的介質，以肥沃、通透性高、富有機質具微酸性的土壤或者沙質土為佳，同時還要有良好的排水性。由於花期長，所以如果日照越充足，花就會開得越多。且在平常就要檢查植株的生長情況，一旦發現葉片出現病蟲害時，就要趕緊剪除，避免病蟲害的情況擴散。而雞蛋花最常見的病蟲害包括：銹病、葉蟎等。除了病蟲害之外，比較常見是出現下部葉片出現變黃脫落，有可能是因為水肥不足所導致。另外，如果葉片出現褪色，可以先檢查水分或光照是否足夠，要適當給水，還要放到室內明亮處來獲得改善。

Data

主要病害 銹病

主要蟲害 葉蟎

發生時間 銹病在氣候溫暖多濕時最容易發病

主要防治方式

一般來說，環境一定要通風，枝葉一定要做修剪，儘量讓葉片跟葉片之間有空隙，讓風可以流動，把那些有病葉的菌全部都帶走，二點葉蟎也是一樣，要把它全部都清乾淨。再噴一些油類防治，用的倍數大概是 800-1000 倍。苦楝油、窄域油、印楝油這一類會比較有效。

葉蟎類

1 2 3 4 5 6 7 8 9 10 11 12

主要附著在葉片背面吸食汁液，導致葉片出現白色斑點。如果斑點長得太多，整片葉子會變得泛白，並阻礙光合作用進行，對發育產生不良的影響。其體長約 0.2-0.4mm 的小蟲，具有強烈的群聚特性。會結網的葉蟎孳生太多時，就會像蜘蛛一樣結出巢狀的網。神澤氏葉蟎的繁殖速度很快，如果防治的腳步稍慢，就可能造成嚴重的蟲害。為了預防葉蟎孳生，最好時不時在葉片灑水。
鳳仙花、萬壽菊、玫瑰、齒葉冬青、桂花、杜鵑、袖珍椰子、變葉木等等也容易受到蟲害。

防治法

有機無毒的方式，可以用一些天敵。像是捕植蟎、草蛉、瓢蟲這些都是，二點葉蹣的天敵，還有小黑椿象也是牠的天敵，所以藉由天敵的施放，或者說把周遭的環境生態建立起來，那蟎類危害就會比較少。而一般的化學藥劑對於二點葉蟎來說，抗藥性已經產生了，若要使用化學藥劑防治，必須輪替使用，以效果來說，還是以有機藥劑來得有效，甚至使用苦楝油、窄域油的防治效果也非常好。
另外，因為一年四季都會發生，所以在高溫的時候一定要避免使用這些油劑，以免讓葉面受傷，一定要注意它的稀釋倍數，最好可以從低濃度、高倍數的例如 1：1500 倍，往下使用。另外，葵無露也可以用來防治。（製作方式，請參考 P32）

銹病

1 2 3 4 5 6 7 8 9 10 11 12

雞蛋花最常見的病蟲害非銹病莫屬，好發於夏天，尤其在氣候溫暖多濕時最容易發病，銹病屬於真菌感染，會在葉片的上面或者背面出現許多暗橘色的小斑點，斑點破裂後，會噴出橘黃色的粉狀孢子，且數量一多，葉片就會變得很髒、很醜，影響觀瞻，甚至導致葉片掉光。染病的雞蛋花雖然不會死，但是會影響到光合作用的進行，也容易遭受其它病菌的侵襲，更容易讓感染擴散。除了雞蛋花之外，容易感染的植物還包括：玫瑰、石竹、鐵線蓮、梅花，以及蔬果類的柑橘類等等。

防治法

一般來說，環境一定要通風，枝葉一定要做修剪，儘量讓葉片跟葉片之間有有空隙，讓風可以流動，這樣子就比較不會傳播，讓危害的部分就只有局部區塊。另外，一些枯枝要隨時剪除清理乾淨，因為他很容易在老葉上，造成老葉的枯黃掉落，這樣又會開始繁殖，所以把那些枯掉或有病葉的全部都帶走，二點葉蟎也是一樣，要把它全部都清乾淨。
再噴一些油類防治，用的倍數大概是 800-1000 倍。苦楝油、窄域油、印楝油這一類會比較有效。

楓樹病蟲害

楓樹的品種很多，而最近在花市卻經常可以看到日本紅楓。種植楓樹，介質上最好是偏酸性的為佳，如果環境上允許，可以直接用雨水灌溉。楓樹的常見疾病，如果是發生在葉片上的為炭疽病、葉蟎等等，如果出現這些情況，除了要趁早把發病位置剪除之外，還要連同落葉一起清掃乾淨。同時要避免密植，並且定期修剪過於茂密的枝葉，以保持良好的通風與日照。特別要注意的是，不要添加過量的氮肥。另外，如果枝葉出現傷口，會引起病菌入侵，必須特別注意。

Data

主要病害 葉斑病、焦油病、白粉病

發生時間 褐斑病從梅雨季一直到秋天颱風來時

主要防治方式

焦油病是真菌引起的一種楓樹上輕微的病害，頂多造成葉片不美觀，主要是春夏交際時葉片茂盛之時容易發生。受感染的葉片組織呈淡綠色或黃色。到了夏末秋初之際，葉子表面黃斑會出現凸起油亮的焦油狀黑色小點。

而葉枯病常為葉蟬傳播細菌所引起。

附著在植物上的地衣，其實對植物可以起到保護的作用，因此可以不必將其剷除。

炭疽病

1 2 3 4 5 6 7 8 9 10 11 12

炭疽病很容易造成葉片上面的危害。還有對於果實也具有一定的傷害性。尤其如果在果實蔓延開來，會影響到收成。對於觀葉植物來說，就會嚴重影響到外觀，甚至會造成植株死亡，在龜背芋、粗勒草、鵝掌藤也都很常見。

防治法

如果看到葉片上面有炭疽病的病斑出現，就要趕快把他拔除，或者是說看到一點一點的病斑時就針對重點部位開始噴藥來進行防治。另外，有機無毒的資材，例如肉桂油、波爾多液、石灰硫磺合劑都可以拿來使用。

葉蟎類

1 2 3 4 5 6 7 8 9 10 11 12

葉片的色澤變淡，或出現如蜘蛛絲纏繞的情況，有可能是感染了葉蟎。常見的有神澤氏葉蟎 (俗稱紅蜘蛛)、二點葉蟎 (俗稱白蜘蛛)、茶葉蟎及赤葉蟎等。體長只有 0.2-0.4mm，繁殖速度很快，一旦孳生太多就會像蜘蛛一樣結出網。主要附著在葉背吸食汁液，葉片會出現白色斑點，斑點過多葉子就會泛白，影響光合作用。鳳仙花、萬壽菊、玫瑰、齒葉冬青、桂花等都容易受害。

防治法

養成時常觀察葉片背面的習慣，植株間保持適當的間隔，避免密植，以維持良好的通風環境。葉蟎不耐濕氣，所以在牠們剛開始出現時，如果在葉片背面灑水，可以達到抑止的效果。

櫻花病蟲害

櫻花適合光線充足能夠全日照的環境，因為對於空氣污染抗性差，所以要避免種在空氣污染嚴重的地方。需要疏鬆、微酸性且排水性較好的介質，因為一旦土壤偏鹼，或者透氣性變差，加上通風或光照不當，就容易出現病蟲害，所以平常就要檢查植株生長情況，一旦發現葉片出現病蟲害時，就要趕緊拔除，避免病蟲害的情況擴散。繡球花常見的病害包括葉斑病、炭疽病、白粉病等等，主要蟲害是葉蟎。

Data

主要病害 褐斑病、白粉病、炭疽病、角斑病、細菌性穿孔病

主要蟲害 葉蟎

發生時間 褐斑病從梅雨季一直到秋天颱風來時。

主要防治方式

細菌性穿孔病主要危害葉片，感染後先為點狀紫褐色小點，變成越來越大的圓斑邊緣紫紅色，中間褐色最後中間乾枯脫落形成圓型小孔，高溫多雨時傳播速度很快，通常每年6月開始就要進行防治，8-9月高峰。所有薔薇科，比如桃花、杏花、李花、梅花都會感染。防治上就用石灰硫磺合劑和波爾多液進行即可。

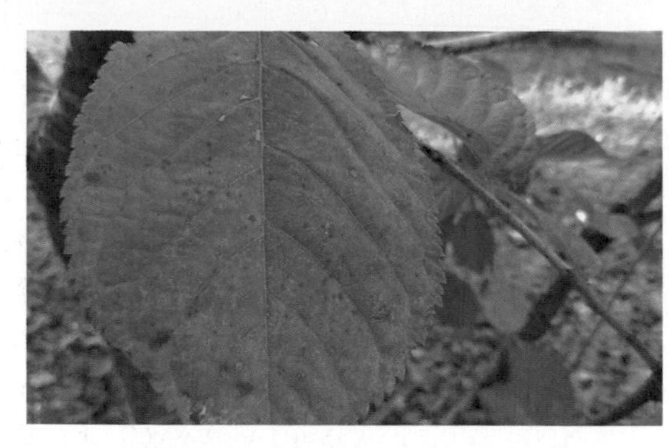

流膠病

1 2 3 4 5 6 7 8 9 10 11 12

初期在主幹或主枝上會出現疣狀突起，之後會發現在疣狀底下的皮層組織，會轉為褐色，之後會轉為暗褐色，且表面濕潤，流出黃褐色稠黏的膠液，然後會在其他的小主幹或樹枝也發現同樣的情況，慢慢的就會造成側枝或整棵樹枯死，在溫暖多雨的季節，特別容易發生，而桃、李樹也很常見。

防治法

除了平常預防之外，若得病了，可以先「清創」把傷口挖乾淨，再「治療」塗上殺菌劑即可。

褐斑病

1 2 3 4 5 6 7 8 9 10 11 12

主要在葉片上會有比較明顯的癥狀，在罹病的部位，會看到像是被油漆隨機噴灑到出現點狀分布，中間是灰的，周圍有黃暈，慢慢擴大後，葉片就會枯萎，這是比較典型的癥狀。蘭花、福祿桐、毬蘭、腎蕨、鳳尾蕨、網紋草、黛粉葉、黃金葛都蠻常見。

防治法

防治上面可以用波爾多液，或者是蕈狀芽孢桿菌。最重要就是萬一罹病，一定要把這些殘渣落葉，或者是罹病太嚴重的葉片把它修剪移除掉。使用的器具一定要做好消毒，避免雨水飛濺，保持通風以及良好的排水。

癌腫病

1 2 3 4 5 6 7 8 9 10 11 12

一開始形成是白色的，然後變褐色且顏色會越來越深。主要是在樹幹、枝條，以及土壤交界處會形成腫瘤。原因是在移植或修剪的過程中造成傷口，然後膿桿菌跑進去造成感染，他會讓周圍的組織細胞分泌植物荷爾蒙其中的兩種，就是細胞分裂素跟生長素結合發揮作用，就讓細胞開始瘋狂的長，最後形成腫瘤。

防治法

主要就是在進行移植、扦插、嫁接時都會有傷口，在做這些動作時，所使用的器具一定要保持清潔，在整枝、修枝要先用酒精消毒後再進行。還有，當剪完這一棵要換一棵樹時，再做一次消毒動作，讓風險降低。另外在種植之前，土壤裡面可以撒一些石灰來做消毒或預防。

二葉松病蟲害

二葉松在台灣的庭園裡非常常見，因為他不僅帶著樹脂的香氣，更因為其樹形優美，所以是美化景觀的樹種之一，在台灣也是重要的造林植物。松樹一個很嚴重病害為松材線蟲，靠天牛進行傳播，所以一定要防治好天牛，因為得了此病很難治療，很多時候的萎凋病都是這樣引起的。

Data

主要病害　枝枯病

主要防治方式

使用有機無毒的資材，例如波爾多液、石灰硫磺合劑都可以拿來使用。另外，如果看到葉片上面出現病斑，除了要趕快拔除外，在看到一點一點的病斑時，就要好好的針對重點部位開始噴藥來進行防治。

枝枯病

1 2 3 4 5 6 **7 8** 9 10 11 12

莖和枝條被逐漸擴大的褐色和黑褐色斑點包覆。比病斑所在位置還高的枝葉會枯萎。樹枝的切口或接枝的接口處如果被害蟲啃咬出傷口，可能就會成為病原菌侵害的入口當嚴重發病時病斑會布滿整個葉面，直到植株枯死。而容易感染的植物包括松樹類、檜木、杉樹、梅、玫瑰等等。

防治法

染病的枝條會成為傳染源，所以一旦發現枝條出現病變，必須立刻切除燒毀。到了冬天要切除所有的枯枝，以防成為隔年春天的感染源頭。在日照不好或通風不良的環境下特別容易發生，必須定期修剪，以免枝葉過於茂密。

羅漢松病蟲害

羅漢松喜歡溫暖濕潤的環境，且需要疏鬆肥沃以及排水良好的微酸性介質，如果加入過多氮肥容易造成土壤偏鹼性，而導致葉片黃化。平常也要檢查植株的生長情況，一旦發現葉片出現病蟲害，就要立刻剪除來避免病蟲害的情況擴散。常見的病蟲害包括：褐斑病、葉枯病等。除了病蟲害之外，比較常見是下部葉片出現變黃脫落，有可能是因為水肥不足所導致。另外，如果葉片出現褪色，則可以先檢查水分或是光照是否足夠，要適當給水，以及放到室內明亮處來加以改善。

Data

主要病害 褐斑病、葉枯病

主要蟲害 葉蟎

發生時間 褐斑病從梅雨季一直到秋天颱風來時

主要防治方式

褐斑病防治可以用波爾多液，或者是蕈狀芽孢桿菌。罹病太嚴重的葉片要修剪移除。介殼蟲的防治，通常會用一些礦物油、窄域油、夏油這類油，以物理性的包覆將蟲身上的棉絮或粉弄掉，將蟲的氣孔堵住讓他死掉，就能達到不錯的防治效果。

褐斑病

1 2 3 4 5 6 7 8 9 10 11 12

主要在葉片上會有比較明顯的癥狀，在罹病的部位，會看到像是被油漆隨機噴灑到出現點狀分布，中間是灰的，周圍有黃暈，慢慢擴大後，葉片就會枯萎，這是比較典型的癥狀。蘭花、福祿桐、毬蘭、腎蕨、鳳尾蕨、網紋草、黛粉葉、黃金葛都蠻常見。

防治法

防治上面可以用波爾多液，或者是蕈狀芽孢桿菌。最重要就是萬一罹病，一定要把這些殘渣落葉，或者是罹病太嚴重的葉片把它修剪移除掉。器具一定要做好消毒，避免雨水飛濺，保持通風以及良好的排水。

扁柏病蟲害

因為氣候的關係，所以導致植株的枝條褐化還有落葉，導致植株整體很虛弱梅雨季節會比較容易發生枝枯病的病害，因為氣候突然轉變，有可能會比較嚴重一點，尤其是當枝條如果太密集、通風不良、日照不足就會發生。病原會直接侵害幼嫩組織，主要是藉由老熟枝條上產生的分生孢子感染，所以基本上大概從冬天就要開始加強修剪，一直到春天梅雨季前都要做。平常也要檢查植株的生長情況，一旦發現葉片出現病蟲害，就要立刻剪除來避免病蟲害的情況擴散。

Data

主要病害 枝枯病、葉枯病

發生時間 枝枯病發生的時間大約為7-8月份

主要防治方式

防治上可以用硫酸銅混合石灰的波爾多液來進行防治。波爾多液對絕真菌與細菌病害有極佳的防治功效，像是露菌病、疫病、銹病、潰瘍病、黑斑病及細菌性斑點病等等會改善很多。

枝枯病

1 2 3 4 5 6 **7** **8** 9 10 11 12

發生枝枯病，主要會危害到枝條與葉子。會看到樹上面有一部分的枝條枯掉，有一部分是好的，那這個時候我們就要儘量去除病枝，植株不要太過密集。容易受到危害的植物，包括玫瑰、松、茶花、柏等等。

防治法

市售的波爾多液，也就是亞磷酸跟氫氧化鉀混合液來做防治，每隔 7 天一次連續 2-3 次，可以誘導植物啟動它的防禦機制來對抗這些病害。

另外還可以用一些礦物油類把他的孢子覆蓋住，使其失去活性。

圓葉榕病蟲害

圓葉榕容易出現葉蟎，分別為二點葉蟎，也就是白蜘蛛，他跟神澤葉蟎，也就是所謂的紅蜘蛛，這兩種在蟎類算是兩大巨擘。而蟎類的口器會刺入植物體裡面的組織，因為它很小所以在葉片上面，就會出現非常細小的小白斑，一點一點密密麻麻，那個就是它的危害症狀，如果在葉片上看起來霧霧的，甚至是一整片，基本上就已經是很嚴重，有時甚至可以看到葉片上面它所結的網，一看就知道是二點葉蹣危害的。

Data

主要病害 枝枯病、葉蟎、介殼蟲

發生時間 枝枯病發生的時間大約為7-8月份，葉蟎則全年都會發生

主要防治方式

防治上可以用硫酸銅混合石灰的波爾多液來進行防治。波爾多液對真菌與細菌病害有極佳的防治功效，像是露菌病、疫病、銹病、潰瘍病、黑斑病及細菌性斑點病等等會改善很多。在高溫的時候一定要避免使用這些油劑，以免讓葉面受傷，一定要注意它的稀釋倍數，最好可以從低濃度、高倍數的例如1：1500倍，往下使用。另外，葵無露也可以用來防治。

葉蟎類

1 2 3 4 5 6 7 8 9 10 11 12

葉片的色澤變淡，或出現如蜘蛛絲纏繞的情況，有可能是感染了葉蟎。體長只有0.2-0.4mm，繁殖速度很快，一旦孳生太多就會像蜘蛛一樣結出網。主要附著在葉背吸食汁液，葉片會出現白色斑點，斑點過多葉子就會泛白，影響光合作用。鳳仙花、萬壽菊、玫瑰、桂花等都容易受害

防治法

老葉容易發生。出現時為密密麻麻的，很容易就看出來說是二點葉蟎的危害。養成時常觀察葉片背面的習慣，植株間保持適當的間隔，避免密植，以維持良好的通風環境。葉蟎不耐濕氣，所以在牠們剛開始出現時，如果在葉片背面灑水，可以達到抑止的效果。在高溫的時候一定要避免使用這些油劑，以免讓葉面受傷，一定要注意它的稀釋倍數，最好可以從低濃度、高倍數的例如1：1500倍，往下使用。另外，葵無露也可以用來防治。

梅花 病蟲害

梅花適合日照充足的環境，需要疏鬆偏微鹼的介質。平常就要檢查植株的生長情況，一旦發現葉片出現病蟲害時，就要趕緊拔除，避免病蟲害的情況擴散。而常見的病蟲害主要是蝴蝶之類的幼蟲，會啃咬花朵或葉片。除了病蟲害之外，比較常見是出現下部葉片出現變黃脫落，有可能是因為水肥不足所導致。另外，如果葉片出現褪色，可以先檢查水分或光照是否足夠，要適當給水，還要放到室內明亮處來獲得改善。

Data

主要病害 褐斑病、白粉病、炭疽病、細菌性穿孔病

主要防治方式

細菌性穿孔病主要危害葉片，感染後先為點狀紫褐色小點，變成越來越大的圓斑邊緣紫紅色，中間褐色最後中間乾枯脫落形成圓形小孔，高溫多雨時傳播速度很快，通常6月就要進行防治，8-9月高峰。防治上用石灰硫磺合劑和波爾多液進行。

蛾或蝶的幼蟲

1 2 3 4 5 **6 7 8 9** 10 11 12

防治法

這些蛾或蝶的幼蟲會在花朵或落葉等處化蛹。牠們的活動力旺盛，時常可見到牠們出沒。因此循著痕跡和害蟲的糞便為線索，找到幼蟲後立刻捏起丟除。

台灣廣廈國際出版集團
Taiwan Mansion International Group

國家圖書館出版品預行編目（CIP）資料

常見植物病蟲害防治全圖解：600張實境照！69種在家最常種的觀葉×草花×庭園花木病蟲害，從根治到預防一本就夠！/蘋果屋綠手指編輯部作. -- 初版. -- 新北市：蘋果屋出版社有限公司, 2023.06
面；　公分
ISBN 978-626-97272-3-0（平裝）
1.CST：植物病蟲害

433.3　　112005849

常見植物病蟲害防治全圖解

600張實境照！69種在家最常種的觀葉×草花×庭園花木病蟲害，從根治到預防一本就夠！

作　　者／蘋果屋綠手指編輯部
監　　修／吳鴻均
圖片攝影／牟榮楚・張秀環
編輯中心編輯長／張秀環
封面設計／張家綺・**內頁排版**／菩薩蠻數位文化有限公司
製版・印刷・裝訂／東豪・弼聖・秉成

行企研發中心總監／陳冠蒨
媒體公關組／陳柔彣
綜合業務組／何欣穎
線上學習中心總監／陳冠蒨
數位營運組／顏佑婷
企製開發組／江季珊

發 行 人／江媛珍
法律顧問／第一國際法律事務所 余淑杏律師・北辰著作權事務所 蕭雄淋律師
出　　版／蘋果屋
發　　行／蘋果屋出版社有限公司
地址：新北市235中和區中山路二段359巷7號2樓
電話：（886）2-2225-5777・傳真：（886）2-2225-8052

代理印務・全球總經銷／知遠文化事業有限公司
地址：新北市222深坑區北深路三段155巷25號5樓
電話：（886）2-2664-8800・傳真：（886）2-2664-8801
郵政劃撥／劃撥帳號：18836722
劃撥戶名：知遠文化事業有限公司（※單次購書金額未達1000元，請另付70元郵資。）

■出版日期：2023年06月
ISBN：978-626-97272-3-0
版權所有，未經同意不得重製、轉載、翻印。

Complete Copyright © 2023 by Taiwan Mansion Publishing Co., Ltd.
All rights reserved.